打造美好的家
——住宅装饰装修必知

设计篇

江苏省装饰装修发展中心　主编

中国建筑工业出版社

图书在版编目（CIP）数据

打造美好的家：住宅装饰装修必知. 1，设计篇 /
江苏省装饰装修发展中心主编 . —北京：中国建筑工业
出版社，2022.8
ISBN 978-7-112-27591-5

Ⅰ. ①打… Ⅱ. ①江… Ⅲ. ①住宅 – 室内装饰设计
Ⅳ. ①TU767 ②TU241

中国版本图书馆 CIP 数据核字（2022）第 117303 号

本书为大众科普读物，共有5个分册，包括设计篇、合同篇、照明篇、验收篇、绿植篇，围绕消费者在住宅装饰装修全流程中的相关事项展开解读和讨论。本书侧重内容的参考性、实操性、力求科学严谨、内容翔实、图文并茂，并针对住宅装饰装修中的难点、热点问题进行答疑解惑。引导读者了解住宅装饰装修基本专业知识，掌握设计与施工相应的流程、方法；具备针对特定装修问题的基本判断和辨识能力，并知晓相关的解决方法和渠道；促进和引领大众装饰审美的提升。

责任编辑：张　磊　曹丹丹
责任校对：李欣慰

打造美好的家——住宅装饰装修必知
江苏省装饰装修发展中心　主编

*

中国建筑工业出版社出版、发行（北京海淀三里河路 9 号）
各地新华书店、建筑书店经销
华之逸品书装设计制版
天津图文方嘉印刷有限公司印刷

*

开本：850 毫米 ×1168 毫米　1/32　印张：16　字数：371 千字
2022 年 11 月第一版　　2022 年 11 月第一次印刷
定价：**99.00** 元（共五册）
ISBN 978-7-112-27591-5
（39774）

合同篇

主　编：王　鹏

编写人员：贾朝晖　刘　栋　汤卫国　季　莉　童珺森

照明篇

主　编：范　文

编写人员：王　腾　吴俊书　宋田田　郁紫烟　陈得生

验收篇

主　编：张云晓

编写人员：王　亮　徐　杰　任道远　陈　胜　贾祥焱
　　　　　　汤卫国　贾朝晖　施忠亮　李　晓

绿植篇

主　编：宋田田

编写人员：庄　凯　徐晶园　范　文　文　乔

　　随着住房消费市场从住有所居的刚性需求向住有宜居的品质追求转变，室内装饰装修行业的设计标准和服务内容不断延伸，与百姓生活密切相关。

　　江苏省装饰装修发展中心多年以来致力于装饰装修行业标准、技术、规范的研究。为适应装饰装修市场快速发展的需要，满足人民群众对美好生活的向往，由江苏省装饰装修发展中心发起，联合江苏省装饰装修行业协会（商会）、南京林业大学、龙信建设集团有限公司、红蚂蚁装饰股份有限公司、深圳瑞生工程研究院有限公司、苏州安得装饰设计工程有限公司等单位，编写了《打造美好的家——住宅装饰装修必知》一书，旨在：①面向住宅装饰消费者进一步加强对住宅装饰装修全流程的科普宣传工作；②引导消费者了解住宅装饰装修基本知识，掌握设计与施工的流程、方法；③具备针对特定装修问题的基本判断和辨识能力，并知晓相关的解决方法和渠道；④促进和引领大众装饰审美的提升。

　　该书为科普图书，共有5个分册，从设计、合同、照明、验收、绿植方面对目前装修市场最新的流行趋势、法律法规、施工工艺、技术规范进行了翔实的阐述，为住宅装饰消费者提供技术支持和帮助，供装修业主参阅。同时本书还精选了一些实际案例，是目前市场上比较全面的住宅装饰装修科普类书籍之一。

　　由于时间仓促，水平有限，如有不妥，请批评指正。

编者

2022年8月

前　言

　　促进住宅装修市场健康发展，装修活动过程和谐，业主获得舒适的家，设计和施工企业能实现市场价值，是本分册书籍的编写初衷。

　　住宅设计绝不是简单地做几张图纸，也不仅仅局限于进行家具布置，更多的是帮助业主实现居住期望，优化居室的生活功能。

　　面对装修设计，业主要积极恰当地表述自身条件，释放居住个性意愿，以选择适合的设计机构及设计师，来满足自身美观、经济、适用的需求，建立起基于了解和信任的装修设计（施工）合同关系，在已有的经济条件下，展现设计对居住空间的理解、规划、整合。

　　本分册基于普通住宅大众消费群体，内容紧扣项目实践，从各方关注热点，分别从装修活动流程、设计逻辑、技术要点、实例解析、案例欣赏等层面给予通俗、详尽、专业的叙述，运用技术手段和室内美学原理及工程实践实例，创造功能合理、舒适优美、满足人们物质和精神生活需要的家居室内设计。

　　希望以本分册为媒介，构建装修项目主体双方信任沟通的桥梁，不断完善多层面的沟通路径，提升行业服务的深度和质量。帮助设计师图纸中的规划之家与业主心中希望之家，合奏出优美、动听、和谐的生活乐章。

　　苏州金螳螂建筑装饰股份有限公司第二设计公司（以下简称"金螳螂第二设计公司"）、红蚂蚁装饰股份有限公司等单位为本分册的编写提供了技术支持，在此表示感谢！

目　录

第 **1** 章

装修准备

1.1 住宅装修，您准备好了吗

　　住宅，对于人们来说，不仅仅是遮风避雨的住所，更是与亲人朝夕相处的"家"。在购置了属于自己的住宅之后，装修便是下一个必经的阶段。随着经济水平和审美情趣的提高，人们对于"家"的打造有了新的认识。住宅设计与装修不再是专业人士的专属领域，普通消费者正在越来越深入地参与到设计与装修的全过程中。自己动手参与设计、装修，自主选择设计团队已是常事。

　　究竟应该如何装修才能打造出一个温馨而舒适的家？什么样的室内风格更适合自己？预算如何规划？装修周期如何控制？怎样选择施工队……这些问题虽常见，但对于具体项目却意义非凡。好的装修设计不仅需要艺术审美眼光的养成，更需要专业知识技能的储备。只有做到思路清晰，找到适合自己的设计、装修方式，才能打造出更美好的家。您做好准备了吗？

1.2 流程解析

住宅装修流程主要可分为四个阶段：前期准备阶段、方案设计阶段、施工阶段和验收阶段（图1-1）。

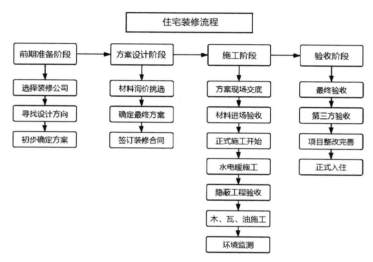

图1-1　住宅装修流程图解

1.前期准备阶段

这一阶段主要是整体设计风格和功能的确定。消费者可以自己构思设计或与专业设计人员沟通交流，逐步确定心仪的设计风格，并明确日常起居的功能需求。在这一阶段需初步确定合作的设计方与施工方。

2.方案设计阶段

在前期准备的基础上，进一步审视和确定设计方案。方案确定后，室内设计师进行施工图深化设计，并以此作为后续施工的依据。结合施工图生成项目报价，最终确定施工方。围绕最终设计方案，整理装修材料、灯具、家电、家具、软装陈设等清单，为施工做好准备与对接工作。

3.施工阶段

施工人员依据施工图展开具体施工作业，完成现状处理、门窗工程、水电暖工程、瓦木油工程及设备安装调试等，并进行相应阶段的质量验收。在施工完工和整体调试完成之后，住宅可交付验收。

4.验收阶段

常规的工程验收通常包含专项验收及竣工验收。竣工验收后按照装修的实际工程量进行工程决算、付款、开票等。需要注意的是，在竣工验收阶段建议聘请有资质的专业机构配合竣工验收，并进行全屋检测，重点针对装修质量（例如油漆、铺装、设备等）及环保指标（例如污染物、放射性等）进行现场检测，以确保住宅装修的项目品质。验收合格的住宅就可以交付使用了。

1.3 注意事项

1.3.1 常用材料

住宅装修离不开各种各样的装饰材料，在选材时，既要体现出住宅的设计风格，同时又要考虑到经济、环保等因素。消费者在选材时，可由常见的室内装饰主要材料入手，例如石材、瓷砖、地板、装饰板材、涂料等，了解每一种材料的常规属性、装饰效果、价格与规格等基本信息，争取做到心中有数，便于后期与设计师沟通，从而把控空间整体的效果与造价。主要的住宅装饰材料包括硬质与软质材料，其空间界面的常用位置主要集中在地面、顶面和墙面。读者可参考附录一了解住宅常规用材及其特点。

1.3.2 设计与施工

在住宅装修中，设计方主要负责方案与施工图绘制，施工方则负责具体设计方案的实际施工。如何选择设计方与施工方常常是困扰住宅装修消费者的主要"痛点"之一。对于"由谁来设计"的犹豫不决主要在于市场中设计服务提供者的水平良莠不齐、收费标准缺乏依据；对"由谁来施工"的举棋不定主要在于业主对施工流程的陌生和对施工管理规范性的不确定。此外，住宅装修施工的方式主要有全包、半包和包清工三种。其选择与业主专业度、参与度及项目预算等因素直接相关。针对这一问题，从设计人员和施工方式的选择这两个角度给出建议，详见表1-1及表1-2。

设计人员的选择 表1-1

	设计师/工作室	装修公司
特点	以个性化设计服务为主，亦可提供从设计到施工全流程托管，特色鲜明	以装饰施工为主，有各种商业推广及套餐活动，流程及管理规范
优点	设计风格个性化，方案更加贴合消费者需求；设计费用与知名度、设计水准、服务内容挂钩	能够提供全流程服务，技术人员配置较全，后期服务有保障
缺点	费用较高，且如果设计单位不提供施工服务，消费者须自己寻找施工队，另外，后期现场对接服务还须协调对接	设计方案往往欠缺个性，主材、辅材、电器等可能存在引导消费甚至捆绑销售等情况

	全包	半包	包清工
定义	整个流程都是装修公司安排施工方来完成，既包工，又包料	消费者负责主材的挑选和购买，比如木饰面、墙壁砖等，装修公司负责辅材和施工	从设计对接到施工推进、从主材选择到辅材订购，事无巨细，消费者都需要亲力亲为
优点	消费者省时省心，而且只要沟通得当，最终效果基本理想	消费者可以自行控制大致的费用，自己选材更加放心	价格与质量可以自行控制，整体的参与感会十分强烈
缺点	消费者耗费财力，缺少参与感；不容易找到靠谱的装修公司，易被施工方用劣质材料欺骗	费时费力；如果消费者对建材行业不了解，还容易吃亏	对消费者专业装修知识的要求很高，而且还要投入大量的时间和精力
适用情况	（1）时间与精力有限；（2）从设计至施工全程委托，以实现更加完整的装饰效果；（3）预算充裕；（4）对装修行业不了解	（1）能够投入部分时间与精力参与装修决策；（2）控制空间装饰的主体效果；（3）预算均衡；（4）对装修行业有基本了解	（1）能够投入大量时间与精力参与装修全流程；（2）对装饰效果要求不高或希望深度掌控装修效果与施工；（3）预算有限；（4）对装修行业有全面了解

施工方式的选择　　　　　　表 1-2

在装修过程中，设计师应依据施工图指导现场施工，并确保方案落地。施工方除了依据自身的经验与技术，同样也需要与设计师和业主保持良好的沟通，并提供规范的管理。有了设计与施工两方面的契合，装修将达到事半功倍的效果。

小技巧

在选择设计人员或施工方式时，消费者一定要与设计方或施工方协商好交工日期、价格等，并确定装修用材是否与材料表一致、是否符合国家环保要求等，以免在装修过程中或验收时出现问题，造成不必要的损失。同时，在最后的验收阶段，建议聘请有资质的专业公司参与验收，保证住宅装修的品质。

1.3.3 了解标准和规章

为保障住宅装修更加安全、环保，国家及各级各类行业组织不断出台、更新相关设计标准和规章，规范市场行为，保护消费者权益。与住宅装修相关的标准和规章种类较多，涵盖了设计、施工、验收等诸多环节。

在装修过程中，消费者可以及时查阅、学习相关知识，一方面，可以对照自查住宅的设计装修是否符合相关要求，另一方面，可以提前了解相关知识，在与设计和装修团队沟通时能够更精确且更有针对性地表达自己的需求和意见。

1. 常用标准和规章（表1-3）

部分常用标准和规章　　　　　　　　　表1-3

名称	级别	内容简介	实施日期
《民用建筑设计统一标准》GB 50352—2019	国家标准	为使民用建筑符合适用、经济、绿色、美观的建筑方针，满足安全、卫生、环保等基本要求，统一各类民用建筑的通用设计要求，制定本标准。本标准适用于新建、扩建和改建的民用建筑设计	2019年10月1日

名称	级别	内容简介	实施日期
《建筑装饰装修工程质量验收标准》GB 50210—2018	国家标准	为了统一建筑装饰装修工程的质量验收，保证工程质量，制定本标准。本标准对抹灰工程、外墙防水工程、门窗工程、吊顶工程、轻质隔墙工程、饰面砖工程、涂饰工程等主要技术内容作出了规定。本标准适用于新建、扩建、改建和既有建筑的装饰装修工程的质量验收，应与国家标准《建筑工程施工质量验收统一标准》GB 50300—2013配套使用	2018年9月1日
《住宅室内装饰装修设计规范》JGJ 367—2015	行业标准	为了保证住宅室内装饰装修工程质量，使装饰装修更好地满足安全、适用、环保、经济、美观等要求，同时使装饰装修的设计方、施工方、监理方等有法可依，出台住宅室内装饰装修设计的相关规范	2015年12月1日
《健康住宅评价标准》T/CECS 462—2017	协会标准	从保障居住者可持续健康效益的角度，系统、定量地评价和协调影响住宅健康性能的环境因素，将由设计师和开发商主导的健康住宅建设，转化为以居住者健康体验为主导的健康住宅全过程控制，鼓励人们开发或选择健康住宅产品	2017年5月1日
住宅室内装饰装修管理办法（2011年修正本）	住房和城乡建设部	本办法所称住宅室内装饰装修，是指住宅竣工验收合格后，消费者或者住宅使用人对住宅室内进行装饰装修的建筑活动。为加强住宅室内装饰装修管理，保证装饰装修工程质量和安全，维护公共安全和公众利益，根据有关法律、法规，制定本办法	2002年5月1日

小技巧

相关标准可在书店进行购买，电子版可在住房和城乡建设部或相关发行单位官网进行查阅、下载。

2.专项标准

对于普通消费者而言，了解以上几项常用标准即可，下面列举的一些专项标准可在有需要时进行查阅。更多相关标准可参考附录二。

（1）《建筑内部装修设计防火规范》GB 50222—2017：统一规范了建筑装修设计、施工、材料生产和消防监督等各部门的技术行为，充分考虑我国建筑内部装修设计、工程应用现状和消防工作实际需求，对一般规定、民用建筑等条文进行了重新梳理。

（2）《建筑照明设计标准》GB 50034—2013：修改了原标准规定的照明功率密度限值；更严格地限制了白炽灯的使用范围；补充了科技馆、美术馆、金融建筑、宿舍、老年住宅、公寓等场所的照明标准值；补充和完善了照明节能的控制技术要求等。

（3）《住宅建筑室内装修污染控制技术标准》JGJ/T 436—2018：以"预评价+前处理"为核心，通过对装修设计、选材采购、施工、验收全过程各阶段进行污染管控，将室内空气质量控制要求分为3级，通过分级控制的方式明确不同装修程度工程的要求差异。

（4）《住宅建筑规范》GB 50368—2005：依据现行相关标准，总结近年来我国城镇住宅建设、使用和维护的实践经验及研究成果，参照发达国家通行做法制定的第一部以功能和性能要求为基础的全文强制的标准。

（5）《房屋建筑室内装饰装修制图标准》JGJ/T 244—2011：主要介绍了房屋建筑室内装饰装修制图标准的基本内容和制图方法，包括图纸幅面规格与图纸编排顺序、图线、字体、比例、符号等内容。

1.3.4 看懂图纸

装修过程中，消费者会碰到这样的问题：设计师很多的构想以及设计方案都是通过图纸展示的，但当面对这些图纸时，各种专业术语、图例符号很容易让消费者云里雾里，无法准确理解。其实，住宅装饰装修图纸包含着诸多信息，不同阶段的图纸承载着不同的信息与功能。例如方案图纸主要是推敲和确定室内空间的功能布局与装饰效果，而施工图纸则是为施工提供尺寸、选材、工艺等精确信息。消费者如果能够初步了解方案图纸或施工图纸中平面、立面、顶面图等核心图纸的识图，便可在与设计师、装修工人对接时更好地交流自己的设计构想与反馈意见。

1.关于图纸

消费者需识读的设计图纸可以分为四大类：平面图、顶面图、立面图、效果图。除此之外，还有整套的施工图，将在下一节进行详细介绍。

（1）平面图：主要用来说明室内功能布局、流线组织、家具陈设、各种绿化等之间的相互关系，是了解和研判整个住宅空间设计是否合理、是否宜居的主要依据。平面设计是整个住宅装饰设计的起点，所以它是设计中最具有分量的一张图纸。为了更好、更生动地呈现设计方案效果，有时还会制作带有材质、光影质感的彩色平面图（图1-2、图1-3）。

（2）顶面图：是指房子中间某一部位剖切开后，从下往上看到的顶面正投影形态，主要用来表达顶部造型、灯具样式、空调风口系统的位置等，在施工图层面，顶面图还会进一步明确材料、构造、工艺、消防、音响等涉及施工的具体信息（图1-4）。

图1-2　平面布置图示例　　　　图1-3　彩色平面图示例

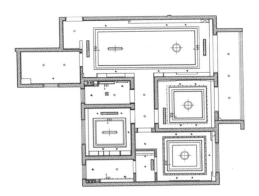

图1-4　顶面图示例

（3）立面图：主要呈现住宅中各个功能房间内的立面效果及功能设置。立面图中除了精确表达门、窗、灯具、固定家具等设计内容的尺寸、材料、工艺信息，还会兼顾表达软装陈设的布置。消费者可以通过立面图对诸如玄关主墙面、客厅主背景墙、卧室床屏墙面等重要界面的设计效果进行模拟和推敲。立面施工图往往还会综合呈现装饰材料、工艺、电器、智能化等信息（图1-5）。

（4）效果图：效果图是业主与设计师沟通中最常用的一种图

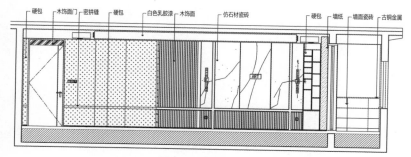

硬包　木饰面门　密拼缝　硬包　白色乳胶漆　木饰面　仿石材瓷砖　　硬包　墙纸　墙面瓷砖　古铜金属

图1-5　立面图示例

纸类型，通常指计算机效果渲染图。这些看似逼真的渲染图是利用3D建模软件按照设计方案对室内空间精确建模，并辅以材质与灯光，最后进行渲染输出。效果图能将设计师的创意构思以形象生动的方式进行直观展示。消费者通过效果图可以提前预览"家"的功能、材质与照明效果，甚至其中的电器、软装陈设也可以生动地感知。消费者与设计师应合理利用效果图进行深入沟通并确认设计方案，以提高设计效率，加快项目推进的速度（图1-6～图1-8）。

图1-6　效果图示例一

图1-7 效果图示例二

图1-8 效果图示例三

2. 识图要点

常规的住宅装饰装修图纸包括：封面、施工说明、图纸目录、平面布置图、装饰尺寸平面图、地面铺装图、顶面布置图、顶面造型尺寸图、顶面灯具定位图、开关连线图、给水排水图、强弱电图、立面索引图、立面图、节点图、灯具表、材料表、门窗表等。消费者应该尽可能积极地阅读图纸，一方面可以从图纸上了解设计师的设计构想，另一方面也可以及时检查和提前发现可能存在的问题，从而提高前期设计与后续施工的效率。平面布置图、顶面图已在上一部分介绍，下面对装饰尺寸平面图、地面铺装图、顶面布置图、灯具定位图、立面图、给水排水图、强弱电图的识图要点做简单介绍与解读。

1）装饰尺寸平面图（图1-9）

装饰尺寸平面图中承载的设计与施工信息非常多，尺寸、标高、材料、规格、工艺等均有涵盖。消费者在对照装饰尺寸平面图识图时应留意以下几个关键的信息：

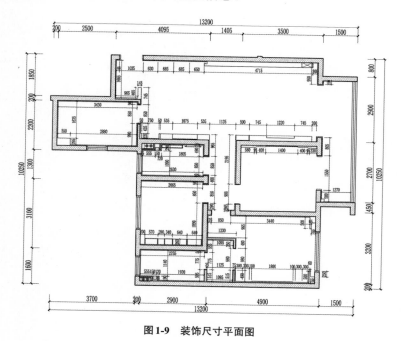

图1-9 装饰尺寸平面图

（1）了解原始墙体与拆砌墙的定位尺寸，确认结构柱、门窗处的具体宽度尺寸，查看设计师是否改动了建筑原结构。如果改动了原始结构，要与设计师充分讨论这样的改动是否合理，是否有必要，同时也要判断后续是否有条件能够完成合法合规的报批流程；

（2）确认室内外、房间内外的地面标高是否标注完整，尤其是厨房、卫生间与封闭阳台的地面标高是否较其他房间或走道位置略低。因为这几处空间有上下水，要考虑好排水问题；

（3）留意图纸中新增墙体的厚度信息，不同墙厚反映了墙体的工艺做法，重型隔墙不宜离开梁体设置，以防楼板变形；

（4）确认居室内是否有楼梯，楼梯踏步的平面布局及梯级设置是否合理。楼梯涉及距离与高度两个维度，因此不仅要在装饰尺寸平面图上推敲其合理性，还要在顶面图中复核其高度上的安全性；

（5）应结合装饰尺寸平面图提前确认活动家具的布置位置、尺寸以及其他软装陈设品的尺寸规格。

小技巧

需留意平面图中住宅大门和房间门的开启方向设置是否合理。通常为了满足疏散要求，住宅的入户门应外开，而住宅内部房间的门应向内开启。部分特殊空间与固定家具的门可采用双向开启门或移门，以满足特定功能需求。例如在卧室空间紧张的情况下，衣橱家具应尽可能采用移门，从而避免平开门因受床头柜位置的限制而无法全开。

2）地面铺装图（图1-10）

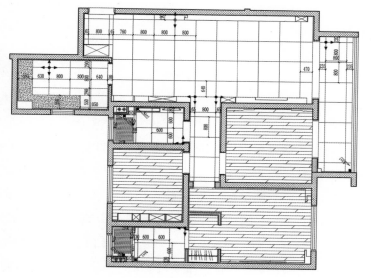

图1-10　地面铺装图

地面铺装图即地面材质铺装图，是反映住宅室内地面材质品类、规格、工艺要求的图纸。消费者在查看地面铺装图时应着重留意以下几点：

（1）咨询、审阅图纸上各个房间或区域的地面材料名称、品类和工艺，考虑材质设定是否能够满足家庭成员的日常功能需求。选材选型应符合家庭成员的日常生活习惯，并应能够满足地暖等设备的性能需求；

（2）留意地面材料的规格与铺装工艺是否合理，例如，消费者应对照图纸就地板或地砖的规格尺寸、起铺点、铺设方向等信息与设计师进行确认，以确保铺装效果适宜、造价合理；

（3）应确定门槛石的材料与规格。

3）顶面布置图（图1-4）

顶面布置图集中反映了设计方案对住宅室内空间顶面的所有设计意图，通常包括：顶面高度、造型、材料、工艺、灯具、空调风口及其他相关设备等信息。顶面布置图的识图要点如下：

（1）顶面图上标注的高度数据为顶面完成面至地面完成面（即 ±0.000标高）之间的高度信息，通过这个高度信息的比对，消费者可提前了解设计方案中空间高度的具体信息。尤其是针对较为复杂的叠级吊顶，更应多加关注标高信息，以便提前研判高度设计是否符合相应空间的功能需求；

（2）顶面布置图中，消费者可留意窗帘的安装方式，有吊顶时，通常会采用窗帘槽；没有吊顶时，常采用窗帘盒。如果窗帘位置的顶面没有任何处理，也可能采用的是窗帘杆明装，此时需要在立面图中确认；

（3）顶面布置图中的空调风口设计应尽可能结合吊顶造型设置，并避免正对人的活动区域，以免造成使用者的不适。

净高往往会受到限制。常规厨房、卫生间的吊顶高度建议不宜低于2.3m。

4）灯具定位图（图1-4）

灯具定位图是针对顶面布置图中照明灯具的专项说明，图中精确地标注了照明灯具定位的主要空间尺寸，方便工人在现场进行放样定位。灯具定位是一件复杂的工作，不仅要从照明设计的角度选择好灯具类型、数量、位置，还要结合顶面造型与工艺考虑好灯具的安装方式。主要识图注意点如下：

（1）消费者应熟悉室内装饰装修图纸中常见的灯具图例，了解各种图例的指代灯具类型，才能更好地了解并参与照明设计。表1-4为住宅装饰中常用的灯具图例，可作为识图参考；

（2）照明与人的活动密不可分，消费者在看灯具定位图时，应与平面布置图对照考量，以确保每一处照明灯具都有具体所指，能切实解决问题；

（3）部分床头灯、台灯、壁灯、踏步照明灯、地灯、厨柜灯等照明灯具可能会被表达在平面图、立面图等图纸中，并未在灯具定位图中体现，消费者应结合平面、顶面、立面图纸与设计方确认，避免遗漏。

小技巧

灯具的大小与空间的尺度密切相关。在识图过程中，消费者应根据灯具定位图所示空间尺寸，与设计师充分沟通客厅、餐厅、卧室等位置的主灯选型与尺寸，避免功能及造型等方面的问题，实现预期设计目标。

常见灯具图例 表1-4

序号	名称	图例	序号	名称	图例
1	艺术吊灯		8	格栅射灯	
2	吸顶灯		9	300mm×1200mm 日光灯盘 灯管用虚线表示	
3	射墙灯		10	600mm×600mm 日光灯盘 灯管用虚线表示	
4	冷光筒灯		11	暗灯槽	
5	暖光筒灯		12	壁灯	
6	射灯		13	水下灯	
7	轨道射灯		14	踏步灯	

5）立面图（图1-5）

立面图主要反映的是住宅室内空间墙面装饰设计方案，包括地顶墙面边界、门、窗、踢脚线、装饰构造、固定家具、灯具等内容，同时也会注明空间尺寸、标高、材料、工艺等信息。常规住宅室内装饰图纸还会示意性表达部分非硬装内容，例如移动家具、软装陈设等。立面图的识图要点如下：

（1）立面图上的门、窗均绘制有开合线，表示开合方向，消费者应留意这些开合方向是否符合家庭成员的日常使用习惯；

（2）消费者应留意厨房、卫生间、阳台立面图中的厨柜尺寸是否符合自己的身体尺度和操作习惯。这部分立面图通常还会结合常规家电，消费者需提前确认相关厨电类型、品牌、尺寸、安装要求等，以便提前将准确的需求信息提供给设计方，并由厨柜公司二次深化设计，这样立面图才能真实地反映相关预设功能；

（3）除非事先约定，通常情况下，立面图中的移动家具、软装陈设品仅供消费者参考功能尺度，并非最终的产品呈现；

（4）消费者应熟悉住宅装饰图纸中的立面索引符号，了解其形式与内容，以便按图索骥，方便查阅相关图纸。

①图1-11罗列了一些常见的立面索引符号规范，可供参考。

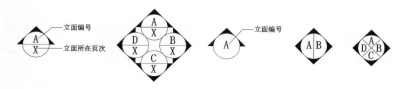

图1-11　立面索引符号

②剖面索引符号表示剖切面在各界面上的位置及图样所在页码（图1-12）。

图1-12　剖面索引符号

6）给水排水图

给水排水图反映了住宅中厨房、卫生间、南北阳台等空间的给水排水管线路径、管径、取水位置及高度等信息。给水排水设计由于较为专业，消费者在查阅其图纸时应更多关注的是末端点位在功能上是否符合生活使用的功能需求。识图要点如下：

（1）确认住宅给水排水图中的给水点能够满足生活用水需求；

（2）可结合强弱电定位图，确认给水点与强弱电点位之间保持合理安全间距；

（3）应尽可能利用原建筑下水口组织排水，如果确需调整排水口位置，应结合地面铺装模数就近设置。

小技巧

厨房和卫生间在地砖铺设时须预留排水点位，可设置在厨柜下方，避免影响美观。

7）强弱电图（图1-13、图1-14）

强弱电图呈现的是住宅装饰中居室内部所有强电、弱电及开关的系统布置。具体可包括插座图、照明开关图等。消费者需要重点关注各个空间中强弱电点位的设置是否合理、是否能够满足日常生活的用电和控制需求。识图要点如下：

（1）检查强电箱与弱电箱在图中的位置及高度，既要考虑其操作性，也要尽可能隐蔽。例如可以考虑设置在玄关柜内侧或装饰挂画后；

（2）消费者可基于自己的生活习惯，提前考虑好居家常用的各种家电，尤其是厨电。在识图时针对每一个房间的生活场景，

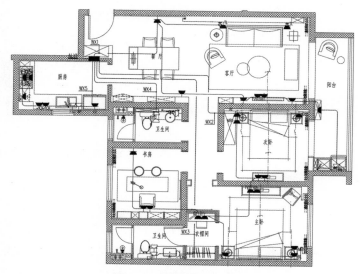

图1-13 强弱电插座点位图

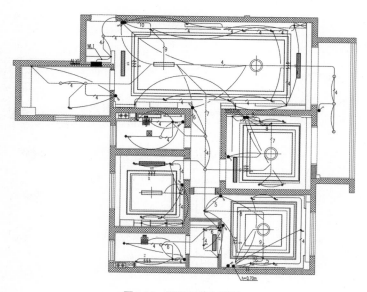

图1-14 照明开关连线图

重点查看相关点位的位置、数量、类型是否满足生活需求；

（3）照明灯具的控制也需要考虑到生活习惯，结合图纸识图，与设计方充分沟通各类开关的位置与控制方式。

小技巧

在住宅装修中，无线网络信号的覆盖质量对使用效果有着决定性的影响。建议消费者与设计方充分沟通，在较为核心的位置结合硬装预留网络接口及插座，以便后续安装无线路由器，从而兼顾装修效果与无线信号的良好覆盖。

消费者在查看图纸时，需要注意插座的位置、数量，要根据实际使用的方便性安排位置。常见开关、插座图例见表1-5。

开关、插座图例 表1-5

序号	名称	图例	序号	名称	图例
1	插座面板（正立面）		7	四联开关（正立面）	
2	电话接口（正立面）		8	墙面暗插座（平面）	
3	电视接口（正立面）		9	电视机插座（平面）	TV
4	单联开关（正立面）		10	厨房带开关插座（平面）	CK
5	双联开关（正立面）		11	防水插座（平面）	
6	三联开关（正立面）		12	洗衣机防水插座（平面）	WM

序号	名称	图例	序号	名称	图例
13	地插座（平面）		20	双联双控翘板开关	
14	单联单控翘板开关		21	三联双控翘板开关	
15	双联单控翘板开关		22	四联双控翘板开关	
16	三联单控翘板开关		23	电话分线箱	
17	四联单控翘板开关		24	空调温控器	
18	声控开关		25	配电箱	
19	单联双控翘板开关		26	弱电综合分线箱	

3. 识图要点归纳

（1）平面布置图：主要关注原始墙体位置、拆砌墙位置、门窗位置、房间与区域的名称、室内地面标高、楼梯踏步布局及尺寸、门的开启方向、活动家具及软装陈设配置；

（2）地面铺装图：聚焦铺装材料的类别、工艺、性能、规格尺寸、起铺点、铺设方向、门槛石用材与规格、材质交接的技术处理；

（3）顶面布置图：留意房间名称、顶面高度、造型、材料、工艺、灯具、空调风口、窗帘位置及其他相关设备等信息；

（4）灯具定位图：熟悉灯具图例，辨识灯具类型、数量、位置、安装方式，在其他图纸中确认未出现在顶面图的灯具；

（5）立面图：主要反映的是住宅室内空间墙面装饰设计方案，包括地顶墙面边界、门、窗、踢脚线、装饰构造、固定家具、灯具等内容，同时也会注明空间尺寸、标高、材料、工艺等信息；

（6）给水排水图：关注厨房、卫生间、南北阳台等处的给排水管线路径、管径、点位位置；

（7）强电弱电图：主要关注强电箱、弱电箱、普通插座、空调插座、照明开关、网络、有线电视、电话等末端点位的具体位置、高度、数量等信息。

除了以上识图中需要关注的要点外，消费者在识图审图时，还应注意以下基本事项：

（1）图纸方向：图纸中如果没有指北针，意味着图纸是按照正南北方向（上北下南）绘制。如果图纸上有指北针，则住宅室内空间的南北方向以指北针为准。通过了解图纸的朝向设定，可以帮助消费者更好地思考室内房间的功能设置和具体家具布局；

（2）图纸比例：设计图纸的输出会严格按照比例制作，不同图纸类型有不同的常用比例。例如，平/立/剖面图：1:50、1:100；局部放大图纸：1:10、1:20；详图与节点：1:1、1:2、1:5；

（3）图纸尺寸：室内装饰装修图纸上会标注各种有关设计内容的空间尺寸，常用单位为毫米（mm）。消费者可以通过识图提前预览这些图纸尺寸，以检查其尺度是否能够满足自己的需求；

（4）材料选型：施工图纸上通常会明确标识所使用的主要材料及其尺寸规格，消费者可结合文字及图面比例了解材料在装饰方案中的运用方式；

（5）工序工艺：住宅装饰施工图纸，尤其是在其中的设计说明、详图和节点图中，均会对装饰工程的工序、工艺做详细阐述与说明。消费者可以通过识图获取这些信息，从而提前了解并对后续施工作业进行监察、督促，确保施工品质与质量。

第 2 章

装修风格

　　住宅的装修风格一直是家装消费者最关注的话题，什么样的装修风格适合自己，如何实现这些风格语汇与居住功能的统一……这些是每一位开始准备装修自家住宅的消费者都无法回避的命题。

　　随着互联网、自媒体的不断发展，获取住宅装修设计资讯的渠道与手段不断丰富。源于不同历史背景、地域背景、文化背景的装饰元素与形式手法，或纯粹、或交融地不断演进。此外，由于住宅业主的年龄、职业、阅历、文化背景各不相同，大家对于美的理解也千差万别。这些因素复合叠加，最终在当下发展出了无尽的室内装修风格语汇与符号语言。

　　目前住宅装修市场中对纷繁复杂的装修风格大致有几种常见的分类方式。例如，按时期可分为古典、民国、现代风格等；按地域可分为北欧、欧式、东南亚、地中海风格等；按照国别可分为中式、美式、日式等；按照简奢程度可分为简约、轻奢、洛可可等；按照建筑功能类型则可划分为Loft、田园风格等。这些类型虽然看似特征明显，但在住宅装修的运用中，以上诸多类型往往互相叠加融合，从而呈现出更加复杂的混搭效果。下面围绕其中几组常见风格类型进行简要介绍。

2.1 现代简约风格

现代简约风格是以简约为主的装修风格（图2-1、图2-2）。现代简约风格的特色是将设计的元素、色彩、照明、材料简化到极致，以对色彩、材料质感的高要求塑造空间体验。通常这种风格的装饰语言和装饰部位很少，但在空间整体布局、功能配置、材料工艺与家具陈设上则有着很高要求。具体的风格设计要点见表2-1。

图2-1 现代简约风格设计一　　　　图2-2 现代简约风格设计二

现代简约风格的设计要点　　　　　　　表2-1

项目	设计要点
设计理念	简约不等于简单：现代简约风格非常讲究材料的质感和室内空间的通透，尽可能不用或取消多余的装饰，强调形式应更多地服务于功能
色彩搭配	主色调通常是纯粹的黑白灰，搭配时可辅以米色、天然原木色，或以高饱和度的红、黄、蓝、橙等纯色进行点缀；家具多以原木质感为主，强调木材的真实与天然感

项目	设计要点
家具选择	强调功能性设计。由于线条简单、装饰元素少，现代风格家具需要完美的软装配合，才能显示出美感。例如沙发需要靠垫、餐桌需要餐桌布等
常用元素	（1）天然质感的材料，如大理石、玻璃、实木等；（2）几何结构；（3）不同造型的金属灯具等

2.2 中式风格

中式风格目前存在两个方向：一个是传统中式风格；另一个是新中式风格。传统中式风格通常以传统瓦作、木作完成硬装，配合红木家具、传统陈设，呈现出完全古典的中式形象；而新中式风格虽然也是以传统中式风格为蓝本，但却是以现代风格语汇为主体（图2-3～图2-6）。软装陈设是新中式风格体验氛围营造的关键。简约的现代中式家具、青花瓷摆件、紫砂茶壶、禅意盆景等均能赋予空间浓郁的东方之美，这正是新中式风格的独特魅力所在。具体的风格设计要点见表2-2。

图2-3 中式风格客厅设计一

图2-4 中式风格摆件

图 2-5　中式风格卧室设计　　　　图 2-6　中式风格客厅设计二

中式风格的设计要点　　　　　　　　　　表 2-2

项目	设计要点
设计理念	通过中式特征与现代设计元素融合，表达对清雅、含蓄、端庄的东方精神境界的追求
空间布局	家居设计讲究对称，如建筑设计对称、家具陈设对称、饰品装饰对称等；空间层次分明，凸显层次感、跳跃感，选用中式物品隔断空间以丰富空间装饰
家具选择	中式家具以明清时期风格为基调，追求雕梁画栋的效果，颜色多以黄花梨木和紫檀色为主，搭配中式灯具、字画、瓷器、古玩，新中式在此基础上又融合了玻璃、布艺、金属等现代元素
色彩搭配	家具多以深色为主，墙面色彩搭配一是以苏州园林和京城民宅的黑、白、灰为基调；二是在黑、白、灰基础上以皇家住宅的红、黄、蓝、绿等作为局部色彩

2.3 欧式风格

　　欧式风格主要分为新古典与简欧两大风格（图 2-7～图 2-10）。新古典是经过改良的古典主义风格，有着稳定的布局和精致的线脚，从整体到局部都给人庄重工整的印象；简欧风格在氛围上保留古典欧式的优雅、浪漫等特点，但形式呈现更加现代，较为符合现代人的快节奏生活方式与消费文化。具体的风格设计要点见表2-3。

图2-7　欧式风格卧室设计一

图2-8　欧式风格卧室设计二

图2-9　欧式风格客厅设计一

图2-10　欧式风格客厅设计二

欧式风格的设计要点　　　　　　　　表2-3

项目	设计要点
装饰元素	通常以优雅的线条勾勒出不同的装饰造型，气势恢宏、典雅大气。门窗上半部常做成圆弧形，并用带有花纹的石膏线勾边。而罗马柱造型，能使整体空间具有更强烈的西方传统审美气息
色彩搭配	色调搭配以灰色、金色、米色居多。大多采用淡色，显居室明亮。可以采用白色或者色调比较跳跃的靠垫配白木家具
家具选择	实木家具特别是一些高档的橡木家具是比较受欢迎的设计，而且家具大多会采用描金雕花、弯脚处理和波浪条纹设计等。需选购细节雕刻精美、材质好的古典欧式家具，方显韵味与气魄
常用元素	（1）古典柱式；（2）阴角线；（3）墙裙；（4）圆拱形及拱券；（5）顶部灯盘或者壁画；（6）丰富的墙面装饰线条或护墙板等

2.4 美式风格

美式风格来源于欧洲，其特点以舒适和多功能为主，但同时也不失怀旧、浪漫的田园基因。美国文化自由随性、热情奔放，这一点在装修风格上面也有着突出的体现（图2-11～图2-13）。相比于欧式风格，美式装修风格不受拘束，更具个性，这也是其倍受年轻人喜爱的原因。具体的风格设计要点见表2-4。

图2-11　美式风格客厅

图2-12　美式风格餐厅

图2-13　美式风格卧室

美式风格的设计要点　　　　　　　　表2-4

项目	设计要点
色彩搭配	色彩选择上，自然、怀旧、散发着质朴气息的色彩成为首选；壁纸多选用纯纸浆质地；棕色、土黄、米黄等色常作为主色
材质材料	传统的美式风格多选择偏深色、褐色及木纹的地板来标志美式特有的温度，如果想表达美式乡村的质朴，则可选择浅色调地板。饰面板成为美式风格中不可忽略的细节，它可以平衡和协调居家空间，巧妙地运用能增强立体感，并柔化空间质地，为居家设计增添细腻度
家具选择	家具通常简洁爽朗、线条简单、体积粗犷。其选材也十分广泛：漆皮、实木、印花布、手工纺织的呢料、麻织物、石材等。格调清婉惬意，外观雅致休闲。色彩多以淡雅的板岩色和古董白居多，随意涂鸦的花卉图案为主流特色，线条随意但干练
常用元素	（1）复古吊灯；（2）温莎椅；（3）仿古怀旧艺术摆件；（4）墙面挂盘；（5）壁炉；（6）护墙板等

2.5 日式风格

日式风格追求的是一种休闲、自然、禅意的生活意境（图2-14～图2-16）。空间造型极为简洁，在设计上采用清晰的线条，少用曲线，具有较强的几何感，注重实用性、独特性和自

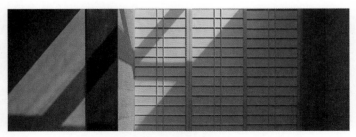

图2-14　日式风格格栅门

图2-15 日式风格书房　　　　**图2-16 日式风格书房夜景效果**

然性，通过艺术效果表达出淡雅、简约、深邃的禅意，强调人与自然的融合之感。具体的风格设计要点见表2-5。

日式风格的设计要点　　　　　　表2-5

项目	设计要点
设计理念	因为日本森林覆盖率很高，又是多震国家，木结构的防震效果好，所以木结构的房屋是日本的传统，设计理念主要是让住宅与环境共生，设计多为人性化。特别能借用外在的自然景色为室内带来无限生机。选材上也偏自然质感
色彩搭配	日式风格色彩淡雅清爽，以浅色调为主，崇尚自然的设计。多选用原木色家具、灰色的沙发、木色地板等，在柔光映衬下，使得整个家居舒适而温馨
材质选择	日式家居装饰注重物与物的呼应、室内环境和大自然的呼应。运用大自然材料装饰，比如木材、竹、藤条等，具有线条感，营造出生机勃勃的景象
常用元素	（1）现代混搭日式格栅；（2）榻榻米；（3）"枯山水"花艺；（4）原木色家具；（5）和风面料等

2.6 东南亚风格

东南亚风格是一种结合了东南亚民族特色与精致文化品位的家居设计方式（图2-17）。室内多采用深色木材及藤条、竹子、石材、青铜和黄铜等自然材料。局部采用金色壁纸、丝质布料与精致的东南亚陈设相互衬托，营造出自然、沉稳中的奢华体验。具体的风格设计要点见表2-6。

图2-17　东南亚风格卧室

东南亚风格的设计要点		表2-6
项目	设计要点	
设计理念	东南亚风格以其来自热带雨林的自然之美和浓郁的民族特色风靡世界，注重手工工艺而拒绝同质的乏味，在盛夏给人们带来东南亚风雅的气息	
色彩搭配	东南亚家居中最抢眼的装饰要素是绚丽的泰抱枕。东南亚地处热带，气候闷热潮湿。为了避免空间的压抑，在装饰时选用夸张艳丽的色彩冲破视觉上的沉闷	
材质选择	东南亚家具通常以本地盛产的藤、木、竹为主要原料。一般都采用两种以上的不同材料混制而成，如藤条与木片、藤编与竹条等组合	
常用元素	（1）藤条编织品；（2）丝绸靠垫；（3）木雕等手工艺陈设品；（4）丝质纱幔；（5）大叶绿植等	

2.7 地中海风格

地中海风格以其极具亲和力的柔和蓝调与白调为人们所喜爱（图2-18、图2-19）。蓝色、白色是地中海风格中最重要的色彩构成。蓝色象征着"蔚蓝的海"，白色象征着"伫立并沿着山麓延绵而上的民居小屋"。地中海风格因其地域印记，往往能够留给人们一种海洋为伴、向阳而生的自由奔放、惬意生活之感。具体的风格设计要点见表2-7。

图2-18　地中海风格客厅

图2-19　地中海风格卧室

地中海风格的设计要点 　　表2-7

项目	设计要点
装饰元素	拱形是地中海，更确切地说是地中海沿岸希腊文化里的典型建筑样式。带线条的拱形窗比拱形门更美更含蓄
色彩搭配	（1）蓝与白；（2）土黄及红褐，再辅以深红、靛蓝、黄铜等色；（3）黄、蓝紫和绿
家具选择	窗帘、桌巾、沙发套、灯罩等均以低彩度色调和棉织品为主。素雅的小细花条纹格子图案是主要风格。独特的锻打铁艺家具也是地中海风格独特的美学产物
常用元素	（1）拱门与半拱门、马蹄状的门窗；（2）大地色和肌理感：大量运用石头、木材以及充满肌理感的墙壁；（3）马赛克拼花：主要利用小石子、瓷砖、贝类、玻璃片等素材进行创意组合

2.8 轻奢风格

　　轻奢风格可以被理解为以极致简约为基础，糅入奢华要素，形成一种混搭效果。轻奢风格最提倡的是摒弃复杂的元素，以更加简洁、明快的设计语汇完成硬装，例如极简的墙板与门板造型。轻奢风格侧重于借助灯具、家具、陈设等要素来诠释"奢"，低调简约与极致奢华的碰撞，形成了独具特色的风格（图2-20～图2-23）。正是简与奢的对比使得这一风格在自我反差中变得意义深远起来。具体的风格设计要点见表2-8。

图2-20 轻奢风格客厅

图2-21 轻奢风格卫生间

图2-22 轻奢风格书房

图2-23 轻奢风格卧室

轻奢风格的设计要点　　　　　　　表2-8

项目	设计要点
设计理念	"奢而不华"，要想达到这样的设计效果，需重点把握"轻"与"奢"的平衡。"轻"，即为"简"，设计手法体现为去繁存简，以简单的立面、利落的线条及统一的配色，完成整体设计。而"奢"，则代表的是材质的"奢"，以及软装上的"奢"。这里的"奢"，并非一味地雍容华贵，而是以品质及设计来体现其意义上的"奢"
色彩搭配	轻奢风格的配色中，选取白色系为主要基底的清浅色调，辅以黑色、金色、奶咖、驼色、灰色等高级色系为点缀，以此营造出极简轻奢的味道
家具选择	在家具选择上，以拥有线条感的家具为主。这样的家具类型，于横竖碰撞之中，更容易实现空间所需的优雅、质感与温度
常用元素	（1）黄铜元素；（2）丝绒；（3）天然材质的大理石、木材等

第 **3** 章

理念与趋势

随着社会生活与科学技术的发展，住宅装修领域也出现了许多新理念和新趋势。新的家装风格与生活美学不断涌现，诸如"轻装修，重装饰"这样的观点越来越为人们所接受和认可。在住宅装修中，人们不再一味强调美观，而是越来越注重材料、工艺的环保性。科技发展对于住宅装修设计与施工的影响也不可忽视：智能化产品在生活中逐渐普及，家装企业依托互联网开拓全新市场平台，而建筑工业化方兴未艾，正在成为装修行业新的增长点。以下将从这些新角度出发，对住宅装饰装修行业的新兴理念与趋势展开解读。

3.1 轻装修，重装饰

"轻装修，重装饰"是近来较为流行的住宅设计理念。这一理念中的"装修"即"硬装"，是通过各种工艺方式将装饰构件固定在建筑结构表面，是不可移动、难以更换的；而理念中的"装饰"则指代"软装"，多指非固定的装饰物、陈设品，可随时移动与变换，强调的是个性、可变与操作的简易。

"轻装修，重装饰"的家装方式越来越受到推崇，主要由于其存在着以下优势：

1.易于改变：基于硬装修的住宅空间室内体验往往难以改变，甚至长期一成不变，难免会带来审美疲劳。如果采用装饰手法来布置居家环境，其家具、窗帘、陈设等主要装饰品可随着需求变化而更新布置方式，这样便能为空间带来全新的使用体验；

2.节约成本：在住宅装修中，硬装无论是在时间周期上还是在造价成本上，都会产生较高的投入。简化"硬装修"不仅可以降低项目设计与施工的复杂程度，缩短周期，还可以降低造价成本。消费者可以将节省下来的资金投入装饰部分，在入住后慢慢补充、调整和完善空间陈设与饰品，从而获得更加完备、精致的整体效果；

3.更加环保：硬装面积越大、越复杂，材料的用量也会水涨船高，其工艺同样会趋于复杂。在住宅中使用大量的装饰材料和复杂工艺会对城市外部环境、住宅室内环境造成更高的污染风险。缩减硬装规模，减少装饰材料用量，自然会降低环境污染风险。由此可见，强化软装、陈设，简化硬装，可带来降低室内污染、减碳环保的效能。

3.2 健康观念

随着近年来水体污染、雾霾、沙尘暴、新冠肺炎疫情等公众事件不断受到关注，人们对待住宅装修的观念正悄然发生着改变。从对住宅空间视觉体验的追求开始慢慢转变为对空间内涵品质、健康环保的追求，越来越多的消费者已经将"健康观念"放在了首要位置。

健康观念的范畴很广泛，不仅包含住宅室内空气环境质量，还包含着水质环境质量、光环境质量、声环境质量等，这便对住宅开发与装修中的设计、施工与配套服务提出了更高要求。

在住宅室内空气环境质量方面，住宅装饰市场的消费主体已经将高环保等级的基材、饰材作为装修消费的基本要求。越来越多的家庭已经购买独立空气净化设备以对抗$PM_{2.5}$或过敏季所造成的空气污染，而不断涌现的采用了三恒系统的科技楼盘则持续受到消费者的青睐与追捧，销售火爆。

水质环境质量也在逐渐成为大众关注的焦点。各类软水机、净水机已经成为住宅装修中厨卫空间必备的设备。近年来，全屋净水系统、全屋软水系统等概念也日益流行，反映了消费者对于饮用水质量的关注与未来消费升级的趋势。

在光环境质量方面，众多消费者从设计阶段便开始注意对照明方式的控制。不仅希望尽可能减少居室不合理布灯所造成的眩光，还会要求在孩子的房间选择更高质量的无频闪光源，以减少视神经疲劳，更好地保护孩子的视力。同时，人们对色温、照度的要求也在不断细化和提高。

消费者对声环境质量的要求主要反映在对噪声的阻隔和控制上。例如有意识地采用双层玻璃窗阻隔外部噪声、采用吸收与反射材料打造视听效果优越的影音室、采用高气密性能的隔声门、增设墙面软包以加强室内隔墙的隔声性能等。不仅增强了室内的私密性，也营造了更加静谧的居室环境。

消费者对于空气、饮用水、光、声音等环境要素的关注充分反映出在目前住宅装饰装修领域对健康观念的重视已经发展成为一种趋势。可以预见，健康与环保观念必将在未来的住宅装修领域受到更多关注，并催生出更多新型材料、技术与设备。

3.3 智能化家居

智能家居是大数据时代发展的产物，能在很大程度上提高生活的科技化。通过各种先进技术与智能硬件的整合，智能家居不仅能够实现家电联网、家居远程控制，还能够不断创造新的使用场景，扩展使用体验，提高家居舒适度，并最终融入家居生活细节，与人们的精神需求合为一体。

一套完整的智能家居系统一般包括：智能中控系统、远程监控系统、家电控制系统、背景音乐系统、家庭影院系统、智能安防系统、中央空调新风系统、智能门锁系统、门窗遮阳系统、智能开关系统、AI语音系统等。这些系统可以选择性地安装，也可以选择整套安装（图3-1）。各大家装行业都推出了成熟的智能家居产品，可以提供多种智能场景体验，例如离家模式、会客模式、家庭影院模式等，这些产品与服务进一步丰富了目前的住宅装修市场，推广和普及了智能化家居生活的理念。

3.4 互联网家装

家装行业是与"互联网+"融合程度比较深的典型行业。2015年以来，互联网家装迅速发展，比较典型的业务模式是装修装饰企业在家装市场上跟互联网企业合作，形成线上线下的业

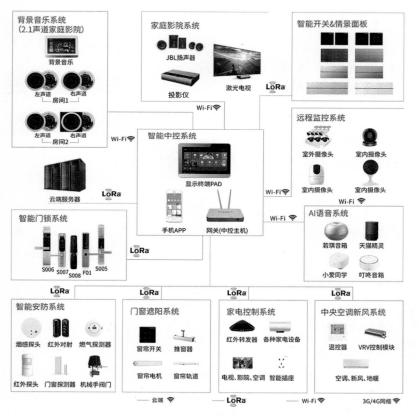

图3-1　智能家居系统

务链条闭环。同时，通过"互联网+"带来的资源共享以及信息透明化，家装企业开始将业务触角伸向上游的建材和下游的家居领域，进入泛家庭消费市场。

　　互联网家装就是指利用互联网进行装修，依靠互联网采取线上的渠道进行推广，后期达成合作，在互联网上寻找家装公司进行施工。和传统家装行业相比，互联网家装的资源渠道更多更广泛，其真正含义是去中介化、高性价比化、信息价格透明化，注重用户体验。以大数据、云计算为代表的新技术时代，为互联网家装带来了巨大的发展空间，也推动着家装行业进入了新的阶段。随着多家互联网家装公司的壮大，甚至出现了"巨头"家装企业的趋势。消费者可以在网上寻找装修风格，选择最适合的装修公司，不仅节约时间、成本，还能让装修变得更加简单。

3.5 装配化装修

近年来，建筑工业化快速发展，给传统装修企业带来了新的挑战。建筑工业化，就是用工业化的方式来建造、装修房屋，既缩短工期，也保证了施工效率与质量，得到了国家和地方政策的大力支持，建筑工业化的市场规模迅猛扩张。

建筑工业化包括标准化设计、工厂化生产、装配化施工、信息化管理和一体化实施。在建筑工业化引导的装修体系下，传统家装中的装修，已经变成了工业化的产品。装配化装修就是将工厂生产的标准化内装部品、部件在现场采用干式工法进行组合安装的装修方式。传统装修一直以现场湿作业方式为主，大量使用水泥、陶瓷等高能耗建材，形成大量建筑垃圾，造成环境污染和破坏。

装配化装修工厂化生产方式极大程度地减少了现场施工所带来的污染，可以减少现场加工产生的建筑垃圾，符合绿色建筑理念。装修采用干法作业，不需要水泥砂浆就可以实施墙面、地面的铺设；厨卫系统、管线系统都整合成模块，现场插接安装（图3-2～图3-5）。所有的装修过程都已经提前在工厂制造完成，只需在现场进行部品、部件的装配，装修周期大大缩短。并且现场安装几乎做到了零污染、零噪声、零废料。装配化装修为地产开发商、施工企业及消费者提供了一种全新的装修方式，既便利，又环保。随着建筑工业化体系的不断成熟、制造成本的不断降低，以及生产运输技术的不断提升，装配化装修在未来必将成为一种重要的装修模式，引领行业的突破和变革。

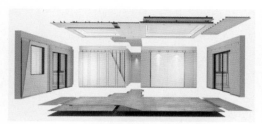

图3-2　装配化装修设计示例图一

图3-3　装配化装修设计示例图二

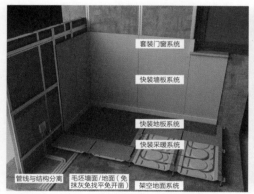

图3-4　装配化装修施工图示一

图3-5　装配化装修施工图示二

第 **4** 章

套型解读

4.1 常见住宅套型

住宅根据套型布局，通常可以分为一居室、二居室、三居室、四居室四种类型。同时，为了满足一些特殊群体的需求，例如学龄儿童、老年人、残障人士等，还需要在设计时进行特别的考虑。

4.1.1 一居室

一室一厅的一居室是最基本的住宅套型，也就是常说的小套型，其购买者基本为年龄在30岁以下、未婚或新婚的年轻人，购置这类住宅用以暂时过渡（图4-1）。根据面积大小，又可分为基本型、经济型和舒适型三种，见表4-1。

一居室这类小套型的室内设计，要遵循"轻装修"的原则，设计中装修的成分要尽量少，特别是空间界面的设计、家具的选择要尽量简洁，最大化地保证居住与活动空间，具体设计要点见表4-2。

图 4-1　一居室设计

一居室特点　　　　　　　　　　　　　表 4-1

类型	套型面积	适用人群	套型特点
基本型	30~35m²	单身男女或夫妻二人	面积较小，只能满足基本功能需要，各空间的使用功能受到制约，基本为复合空间
经济型	40~45m²	单身男女、新婚或老年夫妻	各局部空间的功能独立性较小，多采用餐厨合一、厕浴合一等复合形式
舒适型	50~60m²	单身男女、夫妻或有子女的家庭	人均使用面积相对宽裕，可以保证部分空间的功能独立性，但餐厨、厕浴仍采用复合形式

一居室设计要点　　　　　　　　　　　　　表 4-2

项目	设计要点
界面处理	顶面、地面和墙面等建筑界面的装饰要尽量减少形态上的变化，最好保留素净白墙。空间尽量避免吊顶，最好只做局部的层高变化。有时还可以选取镜面材料，造成视觉上的空间扩张
家具选择	小套型宜选用折叠式或多功能式的家具，布局上应紧凑集中，有效利用墙角等边角空间设置厨柜，保证流线的畅通和充足的活动空间
陈设搭配	陈设品的选择要少而精，根据空间风格选取适当的摆件加以点缀，不可过分追求华丽的装饰效果。顶部灯饰的选择也应以吸顶灯或小型吊灯为主

案例解析：一居室套型

此一居室的设计案例（图4-2），可以为小套型装修提供很好的借鉴。通过空间划分，可拥有相对私密的卧室区与一个兼顾客厅、餐厅、厨房等功能的共享开放空间。由于一居室面积较小，卫生间、厨餐区等常常采用复合形式。

图4-2　一居室套型

4.1.2　二居室

两室一厅或两室两厅的二居室，是目前城镇住宅建筑中最常见的套型（图4-3、图4-4）。这类套型的住户多为三口之家或三代同堂的多人口家庭，各功能空间相对完整，尽量保证每位家庭成员的独立使用空间。根据面积大小，可以进一步分为两种类型，见表4-3。

二居室的空间设计，可以进行适量的室内装饰，以简洁适度

图4-3 二居室卧室设计一　　　　图4-4 二居室卧室设计二

二居室特点　　　　　　　　表4-3

类型	套型面积	适用人群	套型特点
基本型	72～85m²	夫妻或三口之家	人均面积较大，各功能空间基本独立，有独立的厨房、餐厅，卫生间仍采用复合形式
经济型	95～105m²	三口之家或两代夫妻共同生活	房间功能独立性较强，卫浴设施完善，客厅和餐厅常共用一个区域，公共活动空间较大，可以满足娱乐、会客、聚会等多种行为

为主，最需注意的是各室内空间的功能划分与合理安排，具体设计要点见表4-4。

二居室设计要点　　　　　　　　表4-4

项目	设计要点
界面处理	室内墙体装饰要有主次之分，吊顶的处理也需与空间功能相结合，在客厅、餐厅等公共空间，可以做较为复杂的吊顶装饰，其余空间仍以简单为主
家具选择	家具体量适度，且最好选购成套家具，风格一致。公共空间中的家具选择具有通用性，卧室家具特别是床，要结合居住者的人数、性别、年龄等因素考虑进行选择

续表

项目	设计要点
陈设搭配	陈设装饰要与整体的家具风格相一致，同样需注意主次，客厅、餐厅可进行集中的陈设装饰，卧室、书房等则需结合居住者的实际情况进行陈设搭配

案例解析：79m² 二居室套型

二居室的套型（图4-5），面积相对宽裕，但相较于一居室来说，居住成员更多，需要更为明确的空间划分，居室的隐私性与开敞性要有明确的界限。

如图4-5所示的二居室设计案例，餐厅与客厅融为一体，公共空间较大，厨房独立出来，两间卧室互不干扰、主次有序。由于套型面积有限，仅设置了一处卫生间，但将洗手台单独分隔出来，与公共起居空间结

图4-5　79m² 二居室套型

合，既方便日常使用，也保证了一定的私密性。

4.1.3 三居室

三居室也是热门套型，根据面积大小，可分为基本型和舒适性两大类，见表4-5。

三居室在室内设计时，要注重区域的划分与流线的组织，注意保留足够的公共活动空间（图4-6）。家具、陈设品在搭配时，

三居室特点   表4-5

类型	套型面积	适用人群	套型特点
基本型	90～100m²	三口之家	生活设施完善，功能分区独立，人均面积较小
舒适型	120～130m²	三口之家或两代夫妻共同生活	人均面积宽裕，各空间使用功能明确，特别是卧室空间相对较大，可以很好地满足使用需求

图4-6　三居室起居室设计

可以尽量体现出家庭的经济水平、审美情趣等，具体设计要点见表4-6。

三居室设计要点   表4-6

项目	设计要点
界面处理	室内墙体装饰要有主次之分，除了主体背景墙之外，其余墙体不要有过于繁杂的装饰；由于空间较为宽裕，吊顶的处理可进行相对复杂的设计，形成富有趣味性的空间层高变化
家具选择	家具体量适度，且最好选购成套家具，风格一致，能够体现出住户的经济水平、审美情趣等。家具布局要讲究，注意主次、轴线对称等

项目	设计要点
陈设搭配	陈设选择应有意境、注重美感，在主要空间进行有重点的陈设布置。除了常用的摆件、花艺、摄影、画作等陈设品之外，还可根据实际空间，选择壁毯、水晶吊灯之类较为奢华的陈设品

案例解析：118m² 三居室套型

三居室的装修设计，要注重空间舒适感的营造。选取的两个案例，都是较为典型的三居室套型（图4-7、图4-8）。入户即为玄关及客餐厅一体的公共空间，主卧设置有独立卫生间，更加保证了主人日常起居的私密性。较为不同的是，案例二在空间的处理上，将起居室部分进行了整体抬高，这样更加强化了公共空间与起居空间的分隔感；而案例一则是常规的处理方式，一条走廊连接各个房间，流线单一通畅，两种都是十分值得借鉴的三居室装修格局。

图4-7　118m² 三居室套型一

图4-8　118m² 三居室套型二

4.1.4 四居室

相对来说，四居室的大套型，由于价格昂贵，建造数量不多，住户的群体特点也较为统一（图4-9）。这类套型的特点及设计要点，见表4-7。

图4-9 四居室起居室设计

四居室特点及设计要点 表4-7

适用人群	夫妻与子女或两代以上的家庭结构
套型特点	房间功能独立性较强且人均面积宽裕，各空间使用功能明确，卧室空间相对较大，卫浴设施完善，客厅和餐厅相对独立，可以满足娱乐、会客、聚会等多种行为
设计要点	界面处理：墙体处理以简洁大气为主，可以局部增加色彩处理，活跃空间。吊顶造型适度，不可过于花哨；同时由于四居室面积较大，吊顶不可过分侵占室内空间，以免给人以压抑的心理感受
	家具选择：最好选购格调高、质量佳的成套家具，彰显空间品格。由于四居室房间较多，可以选购一些非常规家具，例如棋牌桌、榻榻米、影音设备等，满足特殊的空间需要
	陈设搭配：四居室的陈设搭配应具有一定气势，可选购一些大体量、较奢华的陈设品，例如毛皮地毯、石膏雕塑、大株绿植等，烘托室内氛围

案例解析：163m² 跃层四居室套型

这一四居室的案例为小套型别墅设计，分为上下两层（图4-10、图4-11）。楼层的区别，是空间分隔的最好方法。在这一案例设计中，一层有公共区域，通过空间的抬高自然分隔公共空间与起居空间。二层设置成主卧，配备了起居室、衣帽间等功能空间。根据套型特点，还可设计一些特色空间，例如该案例中的景观平台，满足了业主的兴趣爱好与审美需要。

图4-10　163m² 跃层四居室套型（一楼）　　图4-11　163m² 跃层四居室套型（二楼）

4.2 特定居室

住宅设计的首要原则是以人为本。在进行具体设计时，要考虑到使用者的实际需求，尤其是一些特殊群体，例如学龄儿童、老年群体以及残障群体等，需要有针对性地进行室内设计。

4.2.1 学龄儿童居室

　　儿童最突出的特点就是活泼好动，对周围的事物充满好奇心。因此在进行儿童房的设计时，应把握住儿童的心理特点，增加室内空间的趣味性，同时保证居住安全，创造快乐的居室空间（图4-12、图4-13）。设计时需注意的要点见表4-8。

图4-12　男孩房设计

图4-13　女孩房设计

学龄儿童居室设计要点　　　　　　　　　　表4-8

项目	设计要点
家具	家具可选用一些异形或可拼装、可攀爬的多功能家具，增加趣味性与灵活性，满足儿童的动手欲求；同时家具要尽量避免锐角，保证安全
光照	儿童房的光源，可以选用一些氛围光，例如灯带、造型吊灯等，营造室内氛围；婴儿房的光源应避免强光，光线尽量柔和；学龄儿童房间的光源要保证足够的照度，以防视力损伤
色彩	儿童对于色彩的感知能力较强，儿童房的配色可选取明度不同的原色，有助于视力发展；亮色用于局部点缀，墙体的整体色彩不易花哨，要有主次；可以根据性别不同，选择不同色系
其他	除了室内空间的趣味性营造之外，也应特别注意儿童房的隐私性。随着儿童年龄的增长，对于房间的领域感逐渐增强，应给予孩子足够的私人空间

4.2.2 适老化居室

若家庭成员中有老人，在购房时应首选平层、低层或配有电梯的住宅楼，内部也要加入适老化设计。室内设计要点见表4-9。

适老化居室设计要点 表4-9

项目	设计要点
家具	考虑到老年人的身高，家具的尺寸，例如床、洗手池、坐便器等都要稍微降低；插座、电器等采用低按键、高电源的方式，既方便使用，又保障安全，家具尽量避免锐角，做好防滑工作
光照	老人的房间采光最好以自然光为主，人工光源在选择时要避免眩光及阴影；在床边、过道、卫生间等处，设置夜间感应光源，以方便老人夜间行动；选用夜间发光开关方便使用
色彩	由于视力衰退，老年人对色彩的感知能力减弱，老人房的整体色调最好以暖色为主，温馨柔和即可，纺织物、陈设品也选用一些亮色的加以点缀，活跃空间
其他	特别需注意室内的无障碍设计，过道要预留轮椅通过的空间；室内流线畅通，无门槛或台阶；煤气、电源等都设置安全警报装置；卫生间加设洗澡座椅、扶手等设施

4.2.3 无障碍居室

若家中有残障人士，需结合具体的身体状况设计或购买配套设施，实现住宅的无障碍化（图4-14、图4-15）。在各类残障人士中，肢体残障的比例最大，其次是听力残障和视力残障，因此，在无障碍住宅设计中主要考虑这几类残障群体的需求。具体设计要点见表4-10。

图4-14　无障碍卫生间

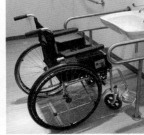

图4-15　常见无障碍设计

无障碍居室设计要点　　　　　　　　表4-10

项目	设计要点
家具	结合具体的残障情况，购买家具。例如针对肢体残障群体，要考虑到家具的高度、宽度等是否符合实际使用需要，预留轮椅通过所需的空间等。家具边角应尽量圆润或做好防撞处理
光照	采光最好以自然光为主，人工光源在选择时要避免眩光及阴影；在床边、过道、卫生间等处设置夜间感应光源。开关的高度也需根据实际情况进行调整，例如增加便于触摸感知的凸起提醒或降低高度等
其他	残障群体的家庭所占的比例并不小，其主要活动还是和家人在一起居多，在住宅设计中依然要考虑家人交流和团聚的空间。在住宅设计中既要满足残疾人的需要，也需满足普通人的需要

小技巧

　　针对特殊家庭成员的住宅装修，一定要从群体特点出发，考虑到群体的生理、心理以及行为等特点，在设计中体现对特殊成员的具体关怀。同时在具体装修设计时，可结合国家相关标准，例如《无障碍设计规范》GB 50763—2012，进行科学合理的设计，最大限度满足特殊群体的使用便利。

第**5**章

功能设计

　　住宅功能设计的核心目标是满足人们栖居其间的相关需求。住宅装饰装修须基于业主的具体需求，对住宅空间功能进行合理规划和配置，并不断寻求对室内空间利用的最优解。

　　首先，住宅功能设计应该满足住宅最基本的功能，例如日常活动、烹饪、就餐、休闲、学习、睡眠等。功能设计不仅应满足这些行为，还需要处理好这些行为之间的关系。例如休闲的"动"与睡眠的"静"便是完全互斥的两种状态。因此墙体分隔与空间时序、流线组织便显得至关重要。除了满足各自功能，避免相互干扰也同样是功能设计的重要组成部分。

　　其次，住宅功能设计应充分挖掘空间的可塑性，赋予空间多重使用方式。尤其是针对一居室、两居室类型的紧凑空间，应能够在有限的空间中完成"无限"的功能转换，从而适应不同需求，提高单一空间利用率。

　　最后，住宅功能设计还应在储藏、照明、智能化、暖通空调等方面有所体现。充足的收纳空间、精细化的照明设计、人性化的家电智能联动、舒适稳定的三恒系统等，都是切实强化住宅功能属性的重要组成。以下针对一些常见的功能设计展开解读。

5.1 拆墙砌墙

墙是建筑物的竖向构件，主要作用是可以承重、围护和分隔空间。作为承重构件时，它承受着屋顶、楼层传来的各种荷载，并把这些荷载传给基础。在住宅装修中，常常会遇到套型与家庭需求不符的情况，很多消费者就会考虑拆除那些影响设计的墙体，以便重新规划房间，但实际上这种想法并不可取。在绝大多数情况下，建筑物的柱梁构造、土建墙体均是不能随意拆除的。一旦操作不当，会造成不可逆转的建筑结构损伤，为日后的居住留下安全隐患。

1.墙体分类

（1）按照受力情况，墙体可分为承重墙和非承重墙。承重墙作为竖向分隔系统，承受上部传来的荷载，主要有承载、围护和分隔作用；非承重墙不是结构系统，不承受上部传来的荷载，主要起围护和分隔作用。非承重墙又分为自承重墙（承自重墙）、隔墙、填充墙和幕墙。

（2）按照材料，墙体可分为砖墙、石墙、混凝土墙、砌块墙、板材墙。

（3）按照构造方式，墙体分为实体墙、空体墙（空心墙）和组合墙（复合墙）三类（图5-1）。

2.建筑结构

目前主要的建筑结构有以下三类：

（1）砌体结构：又称砖混结构，是最常见的住宅结构体系，

20世纪90年代之前修建的5～6层的老公房、筒子楼或者宿舍楼，基本都是砌体结构。砌体结构主要依靠构造柱来承重，墙和梁、楼板起辅助作用。该结构由砖和砂浆砌筑，与钢筋混凝土结构相比，可以节约水泥和钢筋，降低造价，但砌体结构承载力较低，改造难度和改造风险都很大（图5-2）。

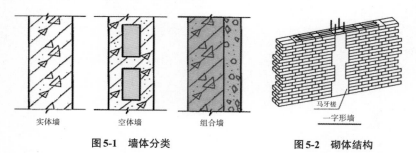

实体墙　　　　空体墙　　　　组合墙

图5-1　墙体分类

马牙槎
一字形墙

图5-2　砌体结构

（2）框架结构：是指由梁和柱以钢筋相连接构成承重体系的结构，即由梁和柱组成框架，共同抵抗使用过程中出现的水平荷载和竖向荷载。砌在框架内的墙仅起围护和分隔作用，除负担本身自重外，不承受其他荷重。为减轻框架荷重，应尽量采用轻质墙，如用泡沫混凝土砌块（墙板）或空心砖砌筑。这种建筑构造在小高层和高层住宅建筑中常见（图5-3）。

（3）框架–剪力墙结构：也称框剪结构，是在框架结构中设置适当的剪力墙的结构。既有框架结构平面布置灵活、空间较大的优点，又具有侧向刚度较大的优点。框架–剪力墙结构中，剪力墙主要承受水平荷载，竖向荷载由框架承担（图5-4）。

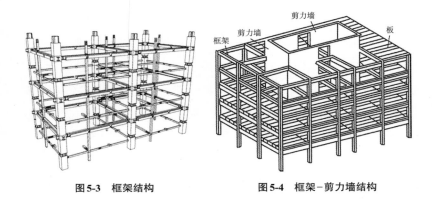

图5-3 框架结构　　　　　图5-4 框架-剪力墙结构

小技巧

　　承重墙拆砌绝非小事，在住宅装修设计中基本不被允许，因为这不仅会带来安全隐患，情节严重者还会被处以罚款甚至是行政处罚。更多相关规定可查阅《住宅室内装饰装修管理办法》（2011年修正本）。

5.2 流线组织

　　流线组织是住宅设计中的重要环节，是指通过空间规划合理地安排家中的行动路线，形成不同的功能分区，方便人们的生活。特别是对于三室两厅、四室两厅之类的大套型，住宅设计时的流线组织显得尤为重要。

1.动静分区

　　普遍来说，大多数套型在设计时都需做好动静分区。动区，一般包括门厅、客厅、餐厅、厨房等；静区，主要包括主人卧室、书房等。除了一些极小套型，例如一居室或酒店式公寓，呈现出动静结合的整体布局，其他套型都需做好合理的动静规划。

2.流线规划

在动静分区的基础上，一些大套型还需要做好流线规划。一般可分为三条主要流线：访客流线、主人流线以及家务流线。访客流线主要串联起门厅、客厅、餐厅、客卫、客卧等区域；主人流线主要串联起客厅、餐厅、厨房、主卧、书房等区域；家务流线主要针对厨房，串联起储物、洗菜、备菜、制作、出餐等一系列行为（图5-5）。

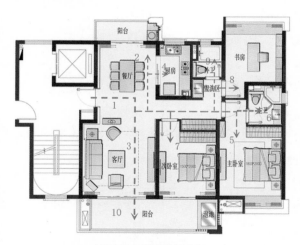

图5-5 三居室流线分析

5.3 收纳空间

在住宅装修中，最重要同时也是最容易被忽略的部分就是室内收纳空间的设计与预留。室内的收纳空间主要集中在玄关、卧室、厨卫这几个区域，除此之外，客厅、卧室中的背景墙也常常作为隐藏式的收纳空间，同时在面积允许的情况下，还可以设计专门、独立的储物室。

1.玄关收纳（图5-6）

常见的设计方式为换鞋凳加收纳柜的组合形式，配合以挂钩、衣架等小配件，满足进门后换鞋、挂衣、临时置物等一系列需求。在空间充足的情况下，可以进行柜体定制，充分利用玄关空间；若玄关较小，可购置成品厨柜，例如斗柜、鞋柜等进行初步收纳。

图5-6　玄关柜

2.卧室收纳（图5-7）

卧室作为主要的起居场所，储物功能必不可少。常见的设计方式有三种：（1）购置或打造衣柜；（2）床体下的隐藏式储物空间；（3）面积允许的情况下，配置独立衣帽间。

3.厨房（卫生间）收纳（图5-8）

厨房的收纳，除了预留足够的空间之外，还需考虑到收纳的

图5-7　卧室收纳

图5-8　厨房收纳

多样性，例如抽屉式的分隔、推拉式的拿取方式等，同时需根据物品的种类安排储物空间。食品储存需做好防潮防腐处理，餐具收纳需考虑沥水干燥；常用物品放在易拿取的地方，冰箱旁的缝隙空间也要充分利用。卫生间的收纳空间主要集中在洗手台，台盆下方常安置储物柜，镜子后通常也会设计成镜后储物柜。

4.收纳背景墙（图5-9）

客厅背景墙除了视觉上的美观性之外，亦可与收纳功能相结合进行设计，形成巧妙的储藏空间，既不破坏室内墙体装饰的整体性，又增加了储物功能。这类收纳式背景墙主要有两种处理方式：一种是可以利用暗门将柜体隐蔽起来，从外部看与墙体无异；另一种是开敞的，与置物柜、置物架组合的背景墙。

图5-9　儿童房收纳背景墙

5.4 干湿分区

卫生间的家具布置，一般包括洗手台、坐便器、淋浴器等，在使用时如果不做好分区，常常会出现洗浴后地面全部打湿，影响其他设施使用的情况。因此，干湿分区在卫生间设计中是非常重要的。常见的干湿分区设计主要有以下三种方法：

1.简易分隔

通过安装浴帘加挡水条或可活动隔断进行分区，主要适用于卫生间面积较小的情况。

2.安装独立淋浴间

在面积允许的情况下，可安装集成式独立淋浴间模块，或安装玻璃门进行分隔。

3.永久分隔

可通过增砌隔断墙，分隔成单独的淋浴室和盥洗室，或将洗手台搬至卫生间外。

例如在图5-10这个户型案例中，公共洗手间的洗手台设置成敞开式，而主卧卫生间内的淋浴间则采用的是成品玻璃隔断，实现了干湿分区。

图5-10 不同的卫生间布置形式

5.5 阳台利用

阳台是住宅内部空间的延伸，经过设计的阳台，对于提高居住幸福感、满足住户的多样化需求，有着十分重要的作用（图5-11）。阳台承担的功能主要可分为清洁功能和储物功能两大类，见表5-1。

图5-11 阳台利用

阳台主要的功能　　　　　　　　　　表5-1

	清洁功能		储物功能	
	洗衣机	盥洗池	整体厨柜	组合书柜
优点	（1）洗涤、晾晒结合，提高清洁效率；（2）独立的清洁空间，保证室内的整洁		（1）增加室内储物空间；（2）阳台相对干燥，存放物品不易受潮、发霉；（3）光线充足	
缺点	（1）渗水易造成瓷砖、墙体开裂；（2）阳台若铺设瓷砖，洗衣物或盥洗时的积水易造成滑倒		（1）若是向阳面阳台，长期阳光照射，柜体易开裂、变黄	（1）学习时长时间阳光直射有损视力

注：雨污分流区域，洗衣机排水不得进入雨水管网。

5.6 空调选型

如何选择适合自己套型的空调，也是消费者在装修时经常头疼的问题。空调主要可分为分体式空调和中央空调两大类，呈现出不同的特点，见表5-2。

空调分类 表5-2

项目	分体式空调	中央空调
定义	典型特点为"一拖一"，即一台室外机通过配管连接一台室内机的空调系统。可再细分为挂壁空调和柜式空调	典型特点为"一拖多"，即一台室外机通过配管连接两台或两台以上室内机的空调系统。可再细分为多联机和热水泵机
优点	（1）空调或悬挂或立式放置于室内，便于维修、清洁；（2）价格相对较低；（3）可与布艺软装结合进行视觉上的美化遮挡	（1）室内机均以送风口的形式隐藏于吊顶之中，简洁美观；（2）调节智能，适用面积广；（3）绿色节能
缺点	（1）空调柜体可能会影响室内空间装饰的整体性；（2）空调管道、插座等配件暴露在外，影响美观，且管道可能存在渗水隐患；（3）内机和外机会占用部分室内外空间	（1）由于需在吊顶内部铺设管道、设置送风口，会占用层高，不适用于层高较低的套型；（2）造价较高；（3）管道隐藏于墙体，不便于维修

除此之外，按照空调的运行原理，又可分为水机和氟机，见表5-3。

水机与氟机对比 表5-3

水机	氟机
制冷（热）载体是水，出风非常温和，而且水机运行时不带走室内空气水分，保持空气湿润，让人倍感温润宜人	使用氟利昂或新冷媒R410A为制冷剂，使用时会带走室内水分，空气较干燥，舒适感稍差，不过像一些大品牌使用的制冷剂都是R410A，出风较温和，提高了舒适度

5.7 采暖选型

冬季的采暖问题也是装修时需要考虑的因素。常见的采暖装置可以分为墙暖和地暖两大类。

地暖主要分为水地暖和电地暖两大类。水地暖，是以温度不高于60℃的热水为热媒，在加热管内循环流动，加热地板，通过地面以辐射（主要）和对流（次要）的传热方式向室内供热。电地暖是将外表面允许工作温度上限为65℃的发热电缆埋设在地板中，以发热电缆为热源加热地板，以温控器控制室温或地板温度，实现地面辐射采暖。具体对比要点见表5-4及表5-5。

墙暖特点对比　　　　　　　　　　　　表 5-4

墙暖	散热器
（1）碳晶墙暖体积小巧轻薄，不占用室内空间；（2）健康环保，无电磁辐射；（3）升温快，可以在1min内快速升温；（4）安装简单	（1）风格搭配多；（2）表面采用电泳涂漆、喷塑罩面，具有光滑洁净、无棱角、防磕碰、无环境污染等特点，有很好的装饰作用；（3）功能齐全，可与家具构件结合；（4）散热效果好；（5）性能稳定

地暖特点对比　　　　　　　　　　　　表 5-5

水地暖		电地暖	
干式地暖	湿式地暖	发热电缆地暖	电热膜地暖
（1）安装方便快捷；（2）省去了管卡，也不需使用胶水覆膜固定，既不占层高，又保障地板弹性和良好的舒适度	（1）安装工艺比较成熟传统，表面的混凝土能够让热量均匀分布；（2）造价较低；（3）表面承载的重量较重	（1）排放无污染；（2）采暖率高；（3）可控性强，不受气温影响；（4）节约空间、安装简单；（5）费用较低	（1）可通过在每个房间设置的交流电控制器来调节室内温度；（2）节能环保；（3）由于没有散热器和管道，比较节省空间

5.8 模数化与模块化装修

模数化是指在系统的设计、计算和布局中普遍重复应用的一种基准尺寸,用M(模数协调中的基本尺寸单位)来表示。我国建筑设计和施工中,必须执行《建筑模数协调标准》GB/T 50002—2013。在建筑行业,我国采用100mm(1M等于100mm)模制。模数网格设计就是利用正交三度空间的模数化空间网络进行建设和局部构造设计,把模数化的组合件,例如天花板、墙体等按照规律填充到模数化的空间中。

模块化装修,则是指围绕家庭装修的六个面:顶面、墙面、地面,针对各品类基材、面材实现装饰效果、安装工艺的高度集成化、一体化、成品化,例如集成墙饰(各种背景墙、木艺墙裙等)、集成吊顶、集成地板等,主要包括各种背景墙、木艺墙裙、天花吊顶、艺术柜体、软装饰品等。

5.9 定制与成品

随着生活水平的提高,人们不仅追求生活的舒适感,更追求生活品质的优越性。在家装中,越来越多的消费者开始考虑采用全屋定制来满足个性化使用需求(图5-12、图5-13)。是否适合采用全屋定制,需根据具体套型及家庭内的功能需求进行决策,见表5-6。

图 5-12　定制厨柜设计一　　　　图 5-13　定制厨柜设计二

全屋定制的优缺点　　　　　　表5-6

全屋定制	
优点	（1）由于套型的独立性，很少可以找到完全匹配的家具，而全屋定制则可制作合适尺寸的家具。 （2）根据套型的一些空间，特别是小套型，运用定制家具，将空间利用达到最大化。 （3）可以按照自己的喜好定制与装修风格匹配的材质，使整体空间更加大气舒适
缺点	（1）安装环节过多，并且定制完成后很难进行修改。 （2）定制的整个周期较长，需要花费很多的时间

第 **6** 章

装饰要点

6.1 硬装

硬装指的是除了必需的基础设施以外，为了满足房屋的结构、功能、美观等需要，添加在建筑物表面或者内部的固定且无法移动的装饰物，包括门窗、墙体、地面、固定厨柜和一些隐蔽工程等。

6.1.1 门与窗

1. 门

门一般分为入户门和室内门两大类。入户门应当满足防火、防盗、隔声等安全需要。随着科技发展，市面上的入户门很多都设置了智能锁，以保障使用安全。出于防火安全的考虑，入户门一般对外开启。室内门主要以木质门为主，在卫生间、厨房等空间，也可以使用铝合金门、玻璃门等。室内门的开启方式多样，可以是正常的平开门，也可以是轨道移门、折叠门等（图6-1）。

2.窗

一般来说，现代住宅的窗户都是统一装配，不可自主进行更换。但在一些乡镇自建宅或是老旧小区翻新，可对窗户的材质和开合方式进行适当改造。根据材质，可分为木制窗框、金属窗框、塑料窗框等。根据开合方式，可分为平开窗（内开、外开）、推拉窗、横悬窗、立悬窗等（图6-2）。

图6-1　轨道移门

图6-2　落地窗

小技巧

通常情况下，门窗无需进行过多改造，住宅内部空间的隔门，可以根据空间功能或美观需要进行更换。根据相关规范，建筑外立面一般不允许改动，因此装修时极少进行窗户的改造。一般情况下住宅的窗户大多采用外开窗形式。如果窗体采用的是内开内倒窗，那么一定要提前检查室内设计方案中吊顶的高度是否会影响窗体内倒。如果空间高度不留足，会发生窗体被吊顶挡住而无法完全打开的情况。

6.1.2 隐蔽工程

住宅装修的隐蔽工程主要包括六个方面：给排水工程、电器管线工程、地板基层、护墙基层、门窗套基层、吊顶基层。这里主要选取强电弱电、上下水以及燃气管道三个方面进行介绍。

1.强电弱电

强弱电箱是电源、网线、电话线等进户线路的集中放置箱，需要妥善保护。但是，强弱电箱的位置往往设计得非常尴尬，损害了家居装饰的整体美观。在无法移位的前提下，常借助以下三种方法进行美化：

（1）结合厨柜：把强弱电箱隐藏进厨柜里，既不影响美观，又保证了日常功能性。

（2）遮挡挂画：这种办法适合配电箱在餐厅、客厅的情况（图6-3）。

（3）盆栽植物：这种办法适合在电视墙下面的配电箱，同时盆栽植物还能吸收辐射。

图6-3　配电箱用装饰画进行遮蔽

2.上下水

室内的上下水管道如何处理，常常令住户头疼。特别是在卫生间、厨房、阳台这些地方经常有下水管道裸露，非常影响整体美观性。针对上下水管道的处理，常常有以下两种方法：

（1）管道隐藏：厨房内的管道、油烟机烟管等，都可以设计一个壁柜，将其安置在壁柜内部，既起到遮挡的作用，也能为厨房空间增加储物功能。而卫生间内，就可以将上下水管道或者是台盆的下水口设计在浴室柜的柜子内部。

（2）装饰美化：通过一些装饰元素的搭配设计，让管线也成为居室中的一部分（图6-4）。

3.燃气管道

根据相关规定，燃气管道尽量不要做过多遮挡，以免影响使用安全。但仍有一些既安全又美观的装饰手法：

（1）二次布管隐藏法：可根据自己的需求及设计方案对燃气管道进行二次改造，以便优化设计，并尽可能地将无需维修的管道藏在墙内，然后将检修口及水龙头留出。

（2）装饰遮掩法：对于不能置于墙体内的煤气管道，就必须用装饰遮掩法加以隐藏。主要方法有做吊顶、吊柜和装饰柱等几种方法（图6-5）。

图6-4　裸露的管道　　　　　　　图6-5　燃气管道的美化

6.1.3 墙面设计

墙面是室内空间中占比最大的界面，装饰时要注意适度原则，同时需结合具体空间进行设计。客厅、餐厅等公共空间的墙面可进行艺术处理，烘托室内氛围。卧室墙面则应简约、素净，营造平和舒适的休憩环境。卫生间和厨房的墙面，首先要做好防水处理，其次再考虑装饰。

墙面的装饰手法主要有以下四种：

（1）刷乳胶漆：乳胶漆是目前墙面处理的主流。通常是对墙壁进行面层处理，用腻子找平，打磨光滑平整，然后刷乳胶漆。这种处理简洁明快，但缺少变化。可以通过陈设、灯光进行点缀；

（2）贴墙纸：墙纸施工的关键技术是防霉和处理伸缩性的问题。墙纸张贴前，需要先把基面处理好，待其干透后，再刷上一两遍的清漆，然后再进行张贴。同时一定要预留0.5mm的重叠层，以应对墙纸的伸缩问题；

（3）铺板材（图6-6）：墙面整体都铺上基层板材，外贴装饰面板，适用于客厅、餐厅等大空间；

（4）贴瓷砖（图6-7）：瓷砖多数应用于厨房、卫生间和阳台等地方的墙面。瓷砖装修的优点是耐脏，但需做好防水层的处理工作。

图6-6 墙面铺设板材

图6-7 墙面贴瓷砖

6.1.4 地面设计

地面的设计要满足防滑、防水、便于清洁等一系列功能要求，在此基础上进行适度装饰，常用的处理方法有以下几种：

（1）铺设装饰块材（图6-8）：地砖和石材是目前使用得最为广泛的一类地面装饰材料，在原水泥地面处理完毕后，即可用水泥砂浆铺贴大理石、花岗石、全瓷地砖或釉面砖。铺地砖、石材的好处是施工简单，不怕水，易清洗，整洁大方，使用寿命长。不足之处是地面过于冷硬，不适用于卧室等休息空间。

（2）铺设木制板材（图6-9）：目前市面上地板种类有实木地板、实木复合地板和强化地板三种。铺设实木地板应先铺设龙骨，上贴基层板材。实木地板造价高，韧性好、色泽自然，但是怕水，保养起来比较麻烦。复合地板的铺设相对简单，在水泥地面上铺上防潮膜后，可直接铺设，榫口处打上密封固定胶，铺贴后即可使用。强化地板是一类非常经济的地板，具有很好的耐磨

图6-8　地面铺设地砖　　　　图6-9　地面铺设木地板

性，保养起来也比较简单。

（3）软装装饰：在铺设了基础板材之后，还可以增添地毯、泡沫垫等软装制品来装饰地面，点缀空间。

小技巧

> 在卫生间、厨房等空间，常需要制作挡水墙、止水坎、地漏等防水构件，如果制作不当，不仅影响日常使用，久而久之还会对室内的家具、装修材料甚至是建筑本身造成损坏。因此在装修及验收时，需要特别注意这些小细节，具体的注意事项可以至本套书的"验收篇"进行查阅。

6.1.5 顶面设计

现代住宅的顶面多为平顶，在装修时常常会辅以吊顶造型，增加界面美观性。按照吊顶的造型方式，可分为以下五种：

（1）平面式吊顶：构造较简单，没有层次以及造型，视觉上平整和简洁，相比于其他吊顶更省建材，适合于各种空间。空间原始层高不宜过低，否则吊成平顶会显压抑。

（2）叠层吊顶：指层数在2层以上的吊顶。多用于装有中央空调的套型，或想要较强的顶面装饰性。叠层吊顶能够增加层次感，对房高有要求，一般要在2.7m以上。

（3）井格式吊顶：用井字梁制作的假格梁，形成井格式吊顶，同时与灯具进行配合，可以展现出多种装饰线条，能对家里的区域进行合理的分区（图6-10）。

（4）异型吊顶：本身是不规则图形，常见于儿童房的设计中，例如星星、月亮等造型，增加趣味性。

（5）弧线吊顶：常要围绕空间走一圈，与叠层吊顶类似，但线条多是弧形或波浪形的。适合异形的房间，或层高较高的大空间（图6-11）。

图6-10　井格式吊顶　　　　　　　　图6-11　弧线吊顶

6.1.6　固定厨柜

厨柜定制是住宅装修的核心内容之一，不仅在厨房、卫生间需要能够满足相关操作的功能性厨柜，在玄关、阳台、卧室等空间同样需要厨柜以满足储物与收纳功能。因此，厨柜的材料、尺寸、结构、五金、使用方式等均需要精细的设计与推敲。住宅中的厨柜定制需要遵循以下原则：

（1）环保性原则：板式定制家具是室内空间甲醛的主要来源，定制柜子的时候，一定要选择甲醛排放标准低的板材，F四级环保标准，甲醛排放量仅$0.03 \sim 0.04 \mathrm{mg/m^3}$。

（2）功能性原则：厨柜除了满足收纳功能之外，在特定空间厨柜还要根据人的行为习惯合理布局。例如厨房，要有洗涤和配切食品、搁置餐具、熟食的周转场所，要有存放烹饪器具和佐料的地方，以保证基本的操作空间。

（3）就近性原则：厨柜用得顺手也很重要，根据不同空间的需求，将厨柜就近设计。比如玄关柜，一般都是设计在入户处；餐边柜的主要功能就是解放桌面，餐厅所用到的东西都可以收纳进柜子中，保持桌面的整洁舒适；阳台柜也是很流行的，将洗衣机嵌入到柜体中，保证洗衣功能。

（4）美观性原则：厨柜要根据不同的家装风格进行布置。例如在崇尚简约素雅风格的家中，厨柜常常与墙体结合起来，隐藏于墙面之中，保证界面的干净整洁；而在一些风格鲜明的居室中，例如中式风格、欧式风格，厨柜需与主体风格一致，带有明确的装饰性与风格指向。

小技巧

依据《室内装饰装修材料 人造板及其制品中甲醛释放限量》GB 18580—2017规定，在采用"1m³气候箱法"测定甲醛释放量时，E1级的室内装饰装修材料人造板及其制品中的甲醛释放量不得高于0.124mg/m³。也就是说，甲醛排放量小于该值的板材可被认定为达到国标环保要求。

根据《绿色产品评价 人造板和木质地板》GB/T 35601—2017的相关规定，当采用"1m³气候箱法"测定甲醛释放量时，如果人造板甲醛限量指标值为小于等于0.05mg/m³，则可以被认定为绿色产品。

6.2 软装

软装是与"硬装"相对应的一个概念，指住宅室内装饰中所有可以被移动和替换的非固定装饰物。软装的常见组成包括布艺、家具、陈设、灯具等。软装通常在硬装阶段结束之后开始，对整个空间体验的打造起到"画龙点睛"的效果。

6.2.1 布艺

软装材质中占比最大的布艺，对于空间设计的作用不言而喻。布艺不但能够在空间中营造不同的氛围，更能对整体的设计结构、空间布局产生深远的影响。软装中的布艺装饰有窗帘、床品、地毯、挂毯、桌布、桌旗、抱枕等。常见的材质有棉麻、绒布、纱织、真丝、蚕丝等。在选择时，不仅要考虑到室内设计的整体风格，也要考虑到住户的性别、年龄、兴趣爱好、社会地位等因素（图6-12、图6-13）。

图6-12　软装装饰一

图6-13　软装装饰二

6.2.2 家具

家具的选购，既标志着装修进入了收尾阶段，同时也是家装中的重要一环。它对于空间整体效果及空间内涵品质的提升发挥着至关重要的作用。家具的选购与进场布置，需要遵循以下几点原则：

（1）风格协调：要根据室内空间的整体风格语汇选择适宜的家具，无论是现代简约还是欧式古典，家具市场上均有相对应的品牌与产品可满足需求。只有家具风格与室内风格匹配，才能营造出风格统一协调的家居环境。如果家中已确定了部分软装饰品，如窗帘、地毯等，那么在家具选购时应考虑其与现有软装的协调性，可以优先选择局部材质、色彩等元素能够与现有软装有所呼应的产品。

（2）功能合理：家具的常见功能包括坐、靠、卧、存储、支撑、悬挂等。在选购家具时，应针对结构、五金、物流、细部等方面，从人体工程学的角度考虑，为不同年龄、性别和身体条件的家庭成员做充分考虑。

（3）尺度适宜：家具大小须与空间尺度相匹配。无论是在大空间放小家具，还是在小空间放大家具，都会造成尺度衔接的不协调。具体而言，就是在选择家具时，应准确地按照住宅不同空间的尺寸，有针对性地选择尺寸适宜的家具。

（4）精确定位：在进行家具选购前，应对住宅中所有家具的位置、数量、尺寸、功能要求等提前做好规划。如日光照射比较强烈的窗边、暖气或壁炉旁、潮湿环境、露台或花园中……不同的空间位置对于家具的材质、构造、功能等会有相应要求，因此应提前定位，做好准备。

6.2.3 陈设

广义上的室内陈设，通常是指家庭室内陈设，包括家具、灯光、室内织物、装饰工艺品、字画、家用电器、盆景、插花、挂物、室内装修以及色彩等内容。狭义上主要指工艺品陈设。

家庭室内布置的工艺品分为实用工艺品和欣赏工艺品两类。搪瓷制品、塑料品、竹编、陶瓷壶等属于实用工艺品，不仅可以观赏，还可以使用；挂毯、挂盘、各种工艺装饰品、牙雕、木雕、石雕等属于欣赏工艺品，只能欣赏，不能使用。

在选择室内陈设品时，既要考虑其材质、色彩的协调或反差，又要控制其造型、尺寸与空间环境的比例关系。在布置陈设品时，一定要注意遵从业主的文化背景，仔细推敲展示角度与欣赏位置。应尽可能避免观赏者踮脚、弯腰或屈膝，确保观赏姿态的舒适与自然。

在家庭室内陈设一件装饰工艺品时，既要选择工艺品自身的造型、色彩，又要考虑到它的形状大小、高低、色彩与周围环境的比例、呼应以及构图的疏密关系等。

6.2.4 灯具

家装中灯饰的巧设、光影的妙用也非常重要。根据空间选择合适的灯具，能够为房间增添不一样的装饰效果（图6-14～图6-16）。住宅中常用的灯具主要有以下几种：

（1）吊灯：既具照明功能又有很强的装饰性，尤其是多头吊灯，造型高雅、气派大方、庄重明亮，因此适合装在客厅、餐厅，营造良好的聚餐、会客的氛围。

（2）吸顶灯：灯光柔和、造型简洁、朴实大方、价格低廉，可用于居室房间做主灯，或用在厨房、卫生间、走道、阳台。具有防潮功能的吸顶灯尤其适合用在厨卫等潮湿地方。

（3）壁灯：光线柔和、温馨、可调节，在欧式客厅中应用比较广泛，也适用于卧室、卫生间等空间。

（4）台灯：多用在书房和儿童房，光照集中均匀，可调节幅度、方向，保护视力，多与阅读、学习等行为相关。或者可用于客厅、卧室等空间作为装饰，常对称布置。

（5）落地灯：常用作局部照明，光线柔和，便于移动，适用于局部角落的气氛营造。

（6）射灯、灯带等：射灯是纯装饰性用灯，由于它能集中光束，家居中可用射灯来强调视觉焦点；轨道射灯常与造型简洁的吊顶或工业风结合使用，灯带常暗藏于吊顶或背景墙之中，作为氛围光源。

图6-14 灯具组合

图6-15 欧式台灯

图6-16 装饰吊灯

第 7 章

案例赏析

7.1 案例一：欧式风格

  工程名称：G08地块住宅项目（江山荟）（图7-1～图7-5）

  项目地点：南京

  设计单位：金螳螂第二设计公司

  设 计：王剑、李海军、田竹、范文谦

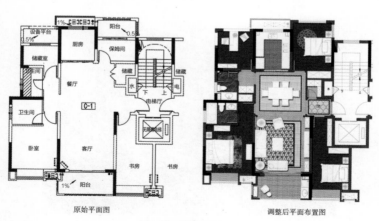

原始平面图   调整后平面布置图

图7-1　案例一平面图

图7-2　案例一图示一

图7-3　案例一图示二

图7-4　案例一图示三

图7-5　案例一图示四

7.2 案例二：现代轻奢风格

工程名称：正荣国领（图7-6～图7-10）

项目地点：苏州独墅湖

设计单位：红蚂蚁装饰股份有限公司 米克罗别墅设计院

设　　计：姜锋

图7-6　案例二图示一

图7-7　案例二图示二

图7-8　案例二图示三

图7-9　案例二图示四

图7-10　案例二图示五

工程名称：望都锦珑府项目（图7-11～图7-14）

项目地点：河北保定

设计单位：金螳螂第二设计公司

设　　计：王剑、周平、范文谦

图7-11　117m² 住宅平面布置图

图7-12　案例二图示六

图7-13 案例二图示七

图7-14 案例二图示八

7.3 案例三：现代简约风格

工程名称：百家湖花园（图7-15～图7-21）

项目地点：南京

设计单位：红蚂蚁装饰股份有限公司 米克罗别墅设计院

设　　计：史云瑶

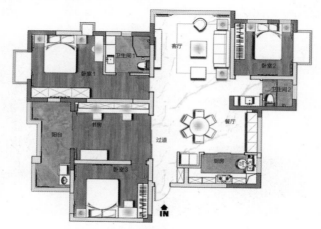

图7-15　案例三平面图

图7-16　案例三图示一

图7-17　案例三图示二

图7-18　案例三图示三

图7-19　案例三图示四

图 7-20　案例三图示五

图 7-21　案例三图示六

7.4 案例四：中式风格

工程名称：京汉西山体育休闲小镇（图7-22～图7-25）

项目地点：太原

设计单位：金螳螂第二设计公司

设　　计：王剑、周平、范文谦

图7-22　案例四平面图

图7-23　案例四图示一

图7-24　案例四图示二

图7-25　案例四图示三

附录一 住宅装修常用材料表

材料分类		材料简介	性能特点	主要使用场所	主要使用界面
硬质材料	天然石材	开采自天然岩层,经过锯切加工而成型的块状或板状石材,主要类型有大理石和花岗石	纹理自然、典雅华丽;纹理及品质好的天然石材价格昂贵;由于是天然材料,可能会存在色差及缺陷;软质石材不耐侵蚀,需日常护理	客厅、餐厅、走道、阳台等	地面墙面
	人造石材	泛指以石粉或碎石与黏合剂为原料,经过加工成型而制备的各类石质建材。常见的有人造大理石,人造石英石,水磨石等	色彩艳丽、光洁度高;抗压耐磨、结构致密;不吸水、耐侵蚀风化、不褪色;放射性低,是名副其实的绿色建材		
	瓷砖	即陶瓷砖,由黏土、长石和石英为主要原料制造的用于覆盖墙面和地面的板状或块状建筑陶瓷制品。按工艺可分为通体砖、抛光砖、玻化砖、釉面砖等	规格与花色多样;质地紧密、坚硬,抗冲击性好、耐用耐磨;抗老化,不褪色、不吸污、耐腐蚀、易清洁;在确保美观的情况下,可实现防水与防滑效果	厨房、卫生间、阳台、储藏室等	
	扣板	扣板采用铝板、钢板等金属材料弯折加工,配合专用吊顶龙骨安装吊挂	耐腐蚀性能佳,可抵御油烟、潮湿环境;抗紫外线;环保,无毒无味;硬度高、不粘污渍,易清洁;使用寿命长;成本较低	厨房、卫生间、阳台等	顶面墙面

材料分类		材料简介	性能特点	主要使用场所	主要使用界面
硬质材料	实木地板	由天然实木经干燥、加工后制备而成	木纹秀丽，装饰性好；隔声隔热、脚感舒适；使用安全环保；对铺装工艺的要求较高；需注意打理与保养	客厅、卧室、书房、走道等	地面墙面
	实木多层地板	以多层实木薄板压制成型，价格较实木地板更加经济	具有实木地板的自然纹理、质感与弹性，防潮与稳定性更佳，不易变形，易清理		
	复合地板	以高密度板等为原料，经过贴面、包覆加工而成，价格便宜	表面肌理质感、舒适度和环保性不如实木地板，但稳定性与耐磨性能好		
	石膏板	石膏板是以建筑石膏为主要原料制成的板料，常用于墙顶封面，稳定性与可塑性强	品种、规格多样，重量轻、加工方便，具有一定吸声、隔热效果。配合轻钢龙骨可等效A级防材料使用	客厅、卧室、餐厅、书房等	顶面墙面
	涂料	由成膜物质、颜料、溶剂、助剂等构成，能够涂覆在物件表面，形成黏附牢固、具有一定强度、连续、弹力的固态薄膜	色彩及施工方式多样化；涂层均匀轻薄、可实现各种定制化图案与拉线、拉毛、龟裂等肌理效果；具备一定防污、吸声、防火阻燃功效。例如灰泥、硅藻泥、艺术涂料等	玄关、客厅、卧室、餐厅、书房等	地面顶面墙面
	胶	用于贴墙纸、地砖的黏合剂	种类比较多，推荐使用环保型的，主要有淀粉胶、糯米胶等	客厅、卧室、餐厅、书房等	地面顶面墙面
	墙纸	也称壁纸，是一种用于裱糊墙面的室内装修材料。墙纸的多样化完全符合家庭装饰中"轻装修、重装饰"的原则	主题、色彩、图案、肌理丰富多样；总体健康环保，施工工艺简单快捷；有可能存在不耐污渍、褪色、翘边的问题	客厅、卧室、书房等	墙面顶面

附录二　常用标准

类别	标准名称
国家标准	《民用建筑设计统一标准》GB 50352—2019
	《建筑装饰装修工程质量验收标准》GB 50210—2018
	《建筑设计防火规范》GB 50016—2014（2018年版）
	《住宅建筑规范》GB 50368—2005
	《建筑内部装修设计防火规范》GB 50222—2017
	《建筑照明设计标准》GB 50034—2013
	《住宅性能评定技术标准》GB/T 50362—2005
	《住宅部品术语》GB/T 22633—2008
	《住宅卫生间功能及尺寸系列》GB/T 11977—2008
	《绿色产品评价　人造板和木质地板》GB/T 35601—2017
	《无障碍设计规范》GB 50763—2012
	《室内装饰装修材料　人造板及其制品中甲醛释放限量》GB 18580—2017
	《建筑模数协调标准》GB/T 50002—2013
行业标准	《住宅室内装饰装修设计规范》JGJ 367—2015
	《住宅建筑室内装修污染控制技术标准》JGJ/T 436—2018
	《房屋建筑室内装饰装修制图标准》JGJ/T 244—2011
	《住宅建筑电气设计规范》JGJ 242—2011
	《工业化住宅尺寸协调标准》JGJ/T 445—2018
	《住宅厨房家具及厨房设备模数系列》JG/T 219—2017
	《住宅厨房模数协调标准》JGJ/T 262—2012
	《住宅室内防水工程技术规范》JGJ 298—2013

类别	标准名称
协会标准	《住宅厨房建筑装修一体化技术规程》T/CECS 464—2017
	《健康住宅评价标准》T/CECS 462—2017
江苏省 工程建设 标准	《江苏省住宅设计标准》DGJ32/J 26—2017
	《优质建筑工程施工质量验收评定标准》DGJ32/TJ 04—2010
	《绿色建筑工程施工质量验收规范》DGJ32/J 19—2015
	《建设工程质量检测规程》DGJ32/J 21—2009
	《南京地区建筑地基基础设计规范》DGJ32/J 12—2005
	《住宅装饰装修质量标准》DB 32/T 3706—2019
	《住宅室内绿色装饰装修技术规程》DB 32/T 3303—2017
	《住宅装饰装修服务标准》DGJ 32/TJ 221—2017

设计篇 — 附录二 常用标准